Preeti Singh
Amlan Kumar Ghosh

Alterações nas propriedades químicas dos solos de minas após a recuperação

Preeti Singh
Amlan Kumar Ghosh

Alterações nas propriedades químicas dos solos de minas após a recuperação

ScienciaScripts

Imprint
Any brand names and product names mentioned in this book are subject to trademark, brand or patent protection and are trademarks or registered trademarks of their respective holders. The use of brand names, product names, common names, trade names, product descriptions etc. even without a particular marking in this work is in no way to be construed to mean that such names may be regarded as unrestricted in respect of trademark and brand protection legislation and could thus be used by anyone.

Cover image: www.ingimage.com

This book is a translation from the original published under ISBN 978-620-2-00312-4.

Publisher:
Sciencia Scripts
is a trademark of
Dodo Books Indian Ocean Ltd. and OmniScriptum S.R.L publishing group

120 High Road, East Finchley, London, N2 9ED, United Kingdom
Str. Armeneasca 28/1, office 1, Chisinau MD-2012, Republic of Moldova, Europe
Printed at: see last page
ISBN: 978-620-8-20125-8

ÍNDICE

Capítulo 1

INTRODUÇÃO

A taxa de consumo de recursos minerais está a aumentar continuamente com o avanço da ciência e da tecnologia, o desenvolvimento económico, a expansão industrial, a aceleração da urbanização e o crescimento da população. O crescimento da nossa sociedade e da nossa civilização depende assim fortemente da indústria mineira para funcionar e manter o nosso conforto. Há muito que a Índia é reconhecida como uma nação bem dotada de recursos minerais naturais. A Índia está classificada no 4º lugar[th] entre os países produtores de minerais, atrás da China, dos Estados Unidos e da Rússia, com base no volume de produção. É um sector extremamente importante e contribui significativamente para o nosso Produto Interno Bruto.

A energia é outro componente necessário para o crescimento económico, para melhorar a qualidade de vida e para aumentar as oportunidades de desenvolvimento. A Índia é um país grande, com cerca de 70% da sua capacidade de produção de energia a partir de combustíveis fósseis (IEA, 2009). Mais de 70% da energia total produzida no país provém do carvão (Maiti, 2013). O consumo de carvão na Índia ocupa o terceiro lugar no mundo, e a procura de carvão no país continua a crescer muito mais rapidamente do que a média mundial. Se a Índia tiver de manter uma taxa de crescimento económico de 8-10% nos próximos 25 anos, será necessário aumentar a sua oferta de energia primária em 3-4 vezes em relação ao nível de 2003-04 (ICLEI, 2007).

O documento sobre a Política Energética Integrada (PEI 2006), formulado pela Comissão de Planeamento em agosto de 2006, apresentou vários cenários alternativos de combinação de energias para sustentar uma taxa de crescimento de 8% até 2031-2032. A necessidade de carvão foi projectada para 2 037 Mt (2031-2032) contra os 627 Mt projectados para o final de 201112 (11th plano). No entanto, as projecções indicam que as necessidades de energia à base de carvão variam entre 2 555 Mt, num cenário em que o carvão é dominante, e 1 540 Mt, num cenário em que o potencial das fontes nucleares, hidroeléctricas e renováveis é plenamente explorado, juntamente com todas as medidas de conservação de energia. Por conseguinte, o carvão continuará a ser uma fonte de energia dominante na Índia até 2031-2032 e possivelmente mais além (Chaudhuri, 2008). Assim, a indústria mineira do carvão na Índia desempenha um papel muito importante na economia do país.

O objetivo da extração de carvão é retirar o carvão do solo. Há dois processos pelos quais o carvão pode ser retirado do solo: a extração à superfície e a extração subterrânea. Quando as camadas de carvão se encontram perto da superfície, pode ser económico extrair o carvão utilizando métodos de extração a céu aberto (também designados por open cast, open pit ou strip). A extração de carvão a céu aberto recupera uma maior proporção do depósito de carvão do que os métodos subterrâneos, uma vez que podem ser explorados mais veios de carvão nos estratos. No entanto, quando os veios dos depósitos de carvão estão demasiado profundos no subsolo, é necessária a extração subterrânea, um método que representa atualmente cerca de 60% da produção mundial de carvão.

Na Índia, a quota-parte da produção a céu aberto aumentou de 26% (20,77 Mt) em 1974-1975 para 84,95% (345,79 Mt) em 2005-2006, enquanto a produção subterrânea total diminuiu de 74% (58,22 Mt) para 15,05% (61,25 Mt) no mesmo período. Em 2006-2007, a produção de carvão foi de 430,83 milhões de toneladas (ano terminal do XI Plano), das quais a céu aberto contribuiu com cerca de 373 milhões de toneladas (87%), com uma remoção estimada de 600 milhões de metros de sobrecarga .[3]

Os impactos da extração mineira a céu aberto são múltiplos. Durante as actividades de extração mineira a céu aberto, as árvores, as plantas e o solo superficial são eliminados da área de extração. Isto destrói paisagens, florestas e habitats de vida selvagem no local da mina, resultando na erosão do solo e na destruição de terras agrícolas. Quando a chuva arrasta a camada superior do solo para os cursos de água, os sedimentos poluem os cursos de água, podendo prejudicar os peixes e sufocar a vida vegetal a jusante, provocando a desfiguração dos canais fluviais e dos cursos de água, o que leva a inundações. Há um risco acrescido de contaminação química das águas subterrâneas quando os minerais da terra revolvida se infiltram no lençol freático, e as bacias hidrográficas são destruídas quando a terra desfigurada perde a água que outrora continha. Além disso, provoca poluição atmosférica e sonora. Por outro lado, a extração subterrânea faz com que enormes quantidades de resíduos de terra e rocha sejam trazidas para a superfície. Estes resíduos tornam-se frequentemente tóxicos quando entram em contacto com o ar e a água. Provoca aluimento de terras, uma vez que as minas se desmoronam e a terra por cima delas começa a afundar-se. Este facto provoca graves danos nos edifícios. Faz baixar o nível do lençol freático, alterando o fluxo das águas subterrâneas e dos cursos de água. A extração de carvão também produz emissões de gases com efeito de estufa.

O resultado final de todas as actividades mineiras é a produção de resíduos mineiros e a alteração das formas do solo, o que constitui uma preocupação para a sociedade. Os baldios mineiros compreendem geralmente a área desnudada, os montes de terra solta, as superfícies de resíduos de rocha e de sobrecarga, as áreas de terreno subsidiado, outros terrenos degradados pelas instalações mineiras e as rochas residuais, que frequentemente criam condições de stress extremo para a restauração. A exploração mineira perturba a estética da paisagem e perturba os componentes do solo, tais como os horizontes e a estrutura do solo, as populações de micróbios do solo e os ciclos de nutrientes, que são cruciais para a manutenção de um ecossistema saudável e, por conseguinte, resulta na destruição da vegetação existente e do perfil do solo (Kundu e Ghose, 1997). As escombreiras incluem factores adversos, como a elevada biodisponibilidade dos metais, o elevado teor de areia, a falta de humidade, o aumento da compactação e o teor relativamente baixo de matéria orgânica. As escombreiras ácidas podem conter material sulfídrico, que pode gerar drenagem ácida de minas (Ghose, 2005). Assim, os efeitos dos resíduos de minas podem ser múltiplos, como a erosão do solo, a poluição do ar e da água, a toxicidade, os desastres geoambientais, a perda de biodiversidade e, em última análise, a perda de riqueza económica (Wong, 2003; Sheoran *et al.*, 2008).

Na Índia, a degradação dos solos devido à exploração mineira é inevitável, uma vez que os principais depósitos de carvão se encontram sob um espesso coberto florestal e mais de 85% do carvão é extraído pelo método a céu aberto. É imperativo que o processo de extração mineira assegure o retorno da produtividade dos terrenos afectados. O aumento das preocupações com o ambiente fez com que a recuperação pós-mineração dos terrenos degradados se tornasse uma caraterística integrante de todo o espetro mineiro (Ghose, 1989). Os esforços de conservação e de recuperação para assegurar a continuação da utilização benéfica dos recursos terrestres são essenciais. A recuperação é o processo pelo qual os terrenos abandonados ou altamente degradados voltam a ser produtivos e pelo qual são restabelecidas algumas medidas da função biótica e da produtividade. A recuperação a longo prazo de resíduos de minas exige o estabelecimento de ciclos estáveis de nutrientes a partir do crescimento das plantas e de processos microbianos (Singh *et al.*, 2002; Kava mura e Esposito, 2010). O solo constitui a base deste processo, pelo que a sua composição e densidade afectam diretamente a estabilidade futura da comunidade vegetal recuperada. A recuperação da cobertura vegetal em lixeiras pode cumprir os objectivos de estabilização, controlo da poluição, melhoria visual e eliminação de ameaças para os seres humanos (Wong, 2003). As estratégias de recuperação devem abordar a estrutura do solo, a fertilidade do solo, as populações de micróbios, a gestão da camada superior do solo e a ciclagem de nutrientes, a fim de devolver a terra o mais próximo possível do seu estado primitivo e continuar como um ecossistema autossustentável.

No contexto da exploração mineira, a recuperação refere-se frequentemente ao processo geral pelo qual o terreno baldio minado é devolvido a algumas formas de utilização benéfica (Cooke e Johnson, 2002), enquanto a restauração se refere ao restabelecimento do ecossistema anterior à exploração mineira em todos os seus aspectos estruturais e funcionais. Reabilitação significa a progressão no sentido do restabelecimento do ecossistema original, e substituição é a criação de um ecossistema alternativo (Bradshaw, 2000). Todos os projectos de recuperação paisagística têm duas fases distintas: (a) física, técnica ou de engenharia (esta é a parte de alto custo e baixo risco da recuperação e representa mais de 60-90% do custo total da recuperação), e (b) biológica (esta é a parte de baixo custo e alto risco do trabalho de recuperação, que requer contribuições multidisciplinares). A recuperação por engenharia diz respeito à criação de formas de relevo adequadas, compatíveis com a paisagem e que satisfaçam os requisitos de estabilidade e outros. A recuperação biológica diz respeito ao estabelecimento e manutenção de um coberto vegetal no terreno, que seja compatível com a paisagem circundante, estável e cumpra os requisitos de pós-utilização.

A exploração mineira destruiu completamente a delicada relação planta-micróbios-solo durante o seu funcionamento. Ao contrário de outras utilizações, a exploração mineira utiliza a terra temporariamente e, no final do projeto ou mesmo durante o projeto, o ecossistema é regenerado em terras degradadas apenas através da florestação ou deixado à natureza tal como está. De acordo com a lei da sucessão, a nova ligação ecológica será estabelecida pela própria natureza. No entanto, o processo natural é lento, pelo que é necessária uma intervenção artificial; por exemplo, a plantação é efectuada para melhorar a rápida recuperação do ecossistema. Por conseguinte, o estabelecimento de uma cobertura arbórea em terrenos degradados por minas visa acelerar os processos de formação do solo, controlar a erosão, acumular matéria orgânica, desenvolver comunidades microbianas, iniciar o ciclo de nutrientes e melhorar a estética geral da zona.

O conceito de reabilitação utilizando árvores é simples. As árvores são geradoras eficientes de biomassa. Acrescentam mais matéria orgânica ao solo, tanto acima como abaixo do solo, do que outras plantas, e estão associadas a um conjunto relativamente grande de organismos do solo, incluindo minhocas (Banov *et al.*, 1995). As suas raízes profundas envolvem uma maior profundidade de pedras brutas de mina no sistema orgânico do solo. Afrouxam os solos a maiores profundidades do que a erva e, com um pouco de incentivo, penetram nas camadas menos densas do solo que se encontram abaixo das camadas superficiais compactadas que caracterizam muitas terras recuperadas após a extração de carvão à superfície (Haigh, 1995). Com o tempo, as árvores criam novas camadas de solo auto-sustentáveis dentro e acima dos solos das minas.

Tendo em conta o aumento das actividades mineiras, a diminuição da fertilidade do solo e os efeitos adversos sobre a flora e a fauna do solo, é extremamente importante monitorizar as caraterísticas químicas das lamas de entulho das minas de carvão para compreender melhor a direção da melhoria da fertilidade do solo e da bioremediação. É também um pré-requisito para avaliar o processo de recuperação de resíduos ao longo do tempo. Assim, o presente livro, intitulado "Changes in chemical properties of mine soils in a chronosequence of reclamation under neem plantation" (Alterações das propriedades químicas dos solos de minas numa cronosequência de recuperação sob a plantação de nim*)*, foi realizado com o objetivo de compreender o processo de eco-restauração sob a plantação de nim *(Azadirachta indica)*, com o objetivo de avaliar as alterações das propriedades químicas de um aterro de resíduos de uma mina de carvão ao longo de uma cronosequência no complexo de minas a céu aberto de Gevra, na cidade de Gevra, Chhattisgarh, que foi descrita como a maior mina a céu aberto da Índia e da Ásia, e a segunda maior do mundo.

Capítulo 2

Restauração de escombreiras de minas de carvão e propriedades químicas do solo

A terra é um dos recursos mais importantes de que os seres humanos dependem. Uma mistura de solos de qualidade e de diferentes parâmetros climáticos favorece o crescimento das plantas e da agricultura, que é considerada a espinha dorsal da economia de qualquer país. A fina camada de solo, em comparação com a espessura total da crosta terrestre (33 km), não só nos fornece alimentos, como também o habitat dos microrganismos do solo, que são a força motriz de muitos ecossistemas. Com o aumento planeado da produção de carvão, cada vez mais terras estão a ser objeto de exploração mineira. Este facto resulta em mudanças drásticas nos padrões de utilização dos solos, uma vez que as terras minadas, antes das operações de extração, podem ter sido utilizadas para a silvicultura, a agricultura e qualquer outro fim produtivo. Muitos trabalhadores de todo o mundo relataram vários efeitos da atividade mineira (Banerjee *et al,* 2004; Dutta *et al.,* 2002; Ekka *et al.,*2011; Ghose, 1996; Singh *et al.,*2006). O solo mineiro tem um elevado teor de fragmentos de rocha em comparação com a terra fina. Estes resíduos não são adequados para o crescimento vegetal e microbiano devido ao baixo teor de matéria orgânica e ao pH desfavorável (Agrawal *et al.,* 1993; Burgharadt, 1993). Pederson et al., 1988, observou que o estado nutricional do solo de sobrecarga é também um fator importante que limita o crescimento das plantas.

A escavação a céu aberto de depósitos de carvão implica a remoção do solo e dos detritos rochosos sobrejacentes e o seu armazenamento em depósitos de estéril, alterando a topografia natural do terreno, afectando o sistema de drenagem e impedindo a sucessão natural do crescimento das plantas (Bradshaw *et al.,* 1980; De *et al.,* 2002; Wali, 1987). A recuperação de áreas minadas é essencial para restabelecer o equilíbrio ecológico do ecossistema e manter um ecossistema autossustentável onde todos os processos ecológicos essenciais têm lugar (Verma, 2003).

Restauração de escombreiras de minas de carvão e propriedades do solo-
.2.1Mineração de carvão   na Índia

2.1.1 Importância da extração de carvão na Índia.

2.1.2 Minas de carvão na Índia

2.1.3 Quantidade de resíduos produzidos pelas minas de carvão.

2.2 Recuperação de escombreiras de minas de carvão

2.2.1 Tipos de restauro

2.2.1.1 Físico

2.2.1.2 Química

2.2.1.3 Biológico

2.3 Propriedades químicas do solo e recuperação de lixeiras

2.3.1 Propriedades químicas

2.3.1.1 Azoto disponível

2.3.1.2 Fósforo disponível

2.3.1.3 Potássio disponível

2.3.1.4 Cálcio e magnésio disponíveis

2.3.1.5 Micronutrientes disponíveis

2.3.1.6 Metais pesados disponíveis

2.1 Extração de carvão na Índia

2.1.1 Importância da extração de carvão na Índia

A extração de carvão na Índia tem uma longa história de exploração comercial que abrange cerca de 220 anos, tendo começado em 1774 com John Sumner e Suetonius Grant Heatly, da Companhia das Índias Orientais, na jazida de carvão de Raniganj, ao longo da margem ocidental do rio Damodar. As reservas de carvão da Índia são uma das maiores do mundo. Em 1 de abril de 2012, a Índia possuía 293,5 mil milhões de toneladas métricas (323,5 mil milhões de toneladas curtas) deste recurso.

A produção de carvão foi de 532,69 milhões de toneladas métricas (587,19 milhões de toneladas curtas) em 2010-11. A produção de lenhite foi de 37,73 milhões de toneladas métricas (41,59 milhões de toneladas curtas) em 2010-11. Em 2011, a Índia ocupava o 3º lugar na produção mundial de carvão.

A energia derivada do carvão na Índia é cerca de duas vezes superior à energia derivada do petróleo, ao passo que, a nível mundial, a energia derivada do carvão é cerca de 30% inferior à energia derivada do petróleo.

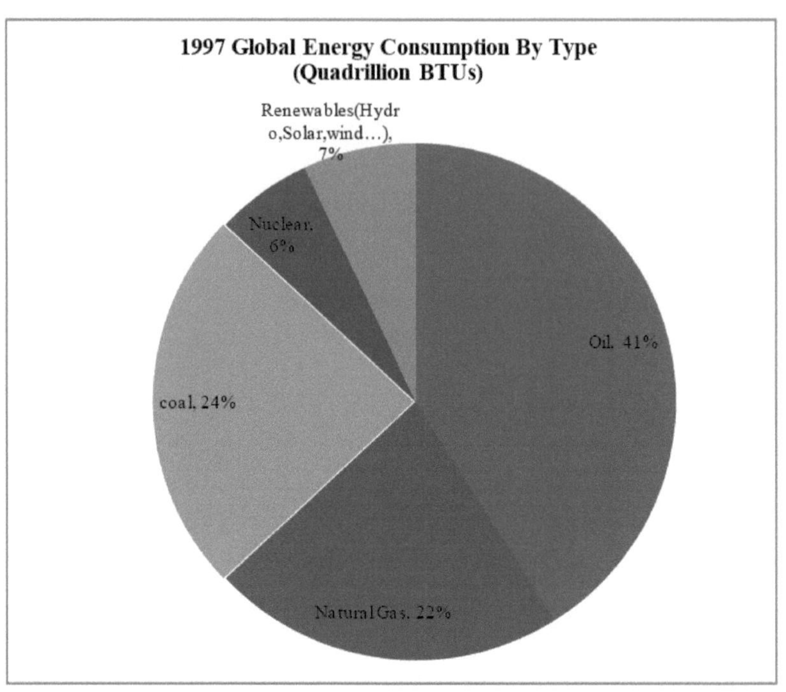

2.1.2 Distribuição da reserva de carvão por estados

Estado	Reservas de carvão (em milhões de toneladas métricas)	Tipo de jazida de carvão
Jharkhand	80,356.20	Gondwana
Odisha	71,447.41	Gondwana
Chhattisgarh	50,846.15	Gondwana
Bengala Ocidental	30,615.72	Gondwana
Madhya Pradesh	24,376.26	Gondwana
Andhra Pradesh	22,154.86	Gondwana
Maharashtra	10,882.09	Gondwana
Uttar Pradesh	1,061.80	Gondwana
Meghalaya	576.48	Terciário
Assam	510.52	Terciário

Nagaland	315.41	Terciário
Bihar	160	Gondwana
Sikkim	101.23	Gondwana
Pradesh do Arunachal	90.23	Terciário
Assam	2.79	Gondwana
TOTAL	**293,497.15**	

Outras zonas de extração de carvão notáveis incluem:

Minas de Singareni no distrito de Khammam, Andhra Pradesh. Minas de Jharia no distrito de Dhanbad, Jharkhand, distrito de Nagpur e Chandrapur, Maharashtra, Raniganj no distrito de Bardhaman, Bengala Ocidental, minas de lenhite de Neyveli no distrito de Cuddalore, Tamil Nadu, Singrauli Coalfield e Umaria Coalfield em Madhya Pradesh.

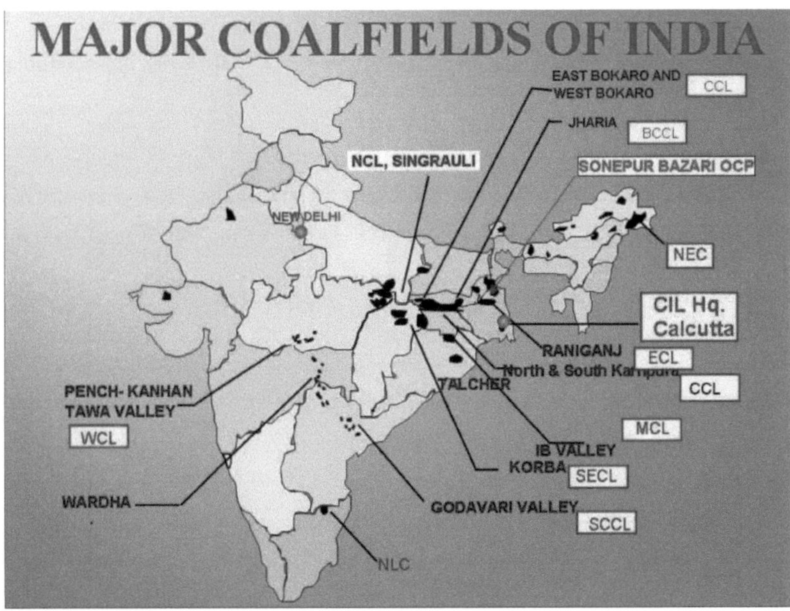

2.1.3 Montante de estéril produzido pelas minas de carvão

Na Índia, a quantidade de terrenos baldios gerados pela extração de carvão a céu aberto é enorme. À escala global, cerca de 20% da desflorestação nos países em desenvolvimento pode ser atribuída à exploração mineira (Bahrami *et al.*, 2010). Ghosh (1990) referiu que, na Índia, cada milhão de toneladas de carvão extraído por métodos de extração à superfície danifica uma superfície de cerca de 4 ha. Em 2006-2007, a produção de carvão foi de 430,83 milhões de toneladas (ano terminal do

XI Plano), das quais cerca de 373 milhões de toneladas (87%) foram extraídas a céu aberto, com uma remoção estimada de 600 milhões de metros de sobrecarga .[3]

Atualmente, as minas de carvão do nordeste da Coal India Limited (NECF-CIL), Margherita, Assam, produziram mais de 1000 ha de resíduos de escombros de minas. Existem também relatórios sobre as perspectivas e as questões ambientais relacionadas com as minas de carvão do Nordeste (Akala 1995; Chaoji 2002). Devido à presença de um elevado teor de enxofre (2-12%), o OB das minas de carvão do NE é altamente ácido (pH 2,03,0) (Deka Boruah *et al.*, 2008). Consequentemente, a sucessão ecológica é ainda mais demorada.

2.2 Restauração do depósito da mina de carvão

O restauro é a reprodução das condições do sítio antes da perturbação, o restauro implica o regresso do terreno perturbado a uma forma e produtividade em conformidade com um plano de utilização do terreno anterior, incluindo um estado ecológico estável que não contribua substancialmente para a deterioração ambiental e seja coerente com os valores estéticos circundantes. Há várias definições de restauração ecológica dadas por diferentes ecologistas, ecologistas de restauração e sociedades científicas (Bradshaw 1987, 1996; SER 2004; USDA Forest Service 2010), que são destacadas a seguir:

Restauração - criação de condições adequadas para a utilização anterior da área "frequentemente utilizada para significar o restabelecimento da utilização original da terra ou da vegetação ou mesmo da mesma forma de terra", ou "é o regresso de um ecossistema a uma aproximação do seu estado estrutural e funcional antes da ocorrência de danos" ou "regresso de um ecossistema a uma aproximação do seu estado anterior à perturbação" (Maiti, 2013).

A restauração ecológica é o processo de renovação e manutenção da saúde do ecossistema. Requer a compreensão não só da natureza do próprio ecossistema, mas também da natureza dos danos e da forma de os reparar (Bradshaw, 1987). A restauração ecológica 'é o processo de auxiliar a recuperação de um ecossistema que foi degradado, danificado ou destruído' (SER, 2004). Reabilitação-criação de condições para uma utilização nova e substancialmente diferente do sítio mineiro (Maiti, 2013). Recuperação - devolução de um sítio abandonado a algum uso. 'Processo de criação de um uso da terra, que pode ser duro (industrial, comercial) ou suave (agricultura, amenidade) num local onde a operação de mineração e pedreira terminou' (Maiti, 2013). Revegetação é o processo de estabelecimento de vegetação e cuidados posteriores realizados como parte da recuperação, restauração ou restauração (Maiti, 2013). Recultivo - aplica-se geralmente aos aspectos agronómicos e ecológicos da recuperação, reabilitação ou restauro (Maiti, 2013).

2.2.1 Tipos de restauro

Existem três tipos de restauro: Física, Química e Biológica.

2.2.1.1 Restauração física, técnica ou de engenharia-

Física, técnica ou de engenharia, esta é a parte de alto custo e baixo risco da recuperação e representa mais de 60-90% do custo total da recuperação. A recuperação de engenharia diz respeito à criação de formas de relevo adequadas, compatíveis com a paisagem, bem como à satisfação de requisitos de estabilidade e outros. O desenvolvimento do plano paisagístico tem três fases básicas:

- Inquérito inicial

- Determinação dos objectivos paisagísticos finais, incluindo após a utilização

- Elaboração de planos de trabalho para cada fase da operação

Os métodos de recuperação física (progressiva e final) das minas de carvão variam muito em função das condições geo-minerais das minas de carvão. No caso da extração de carvão a céu aberto, o terreno à superfície será totalmente escavado e serão criados aterros de superfície externos que esterilizarão o terreno adicional fora da área escavada. A extensão do aterro e da recuperação física do local da mina dependerá principalmente de factores como a área de escavação da mina, a taxa de remoção do depósito, a inclinação dos estratos, os tipos de mecanização adoptados, etc. (Chaudhuri, 2008).

No caso da extração subterrânea de carvão, os danos causados ao solo são principalmente devidos ao afundamento das áreas extraídas. No entanto, os danos são comparativamente menos graves do que os causados pela extração de carvão a céu aberto e dependem de factores como o número de horizontes de carvão, a espessura e a profundidade das camadas de carvão, o método de extração - "Bord and Pillar" ou "Longwall" - e se a extração será feita com espeleologia ou estiva, etc. (Chaudhuri, 2008). Pode haver outros casos em que se preveja uma combinação de extração a céu aberto e subterrânea. Nesses casos, os veios superiores são extraídos a céu aberto até ao limite económico e a parte restante desses veios superiores (se os houver) e dos veios inferiores é extraída por via subterrânea. A sequência da extração a céu aberto e subterrânea influenciará a extensão e o momento da danificação dos terrenos, e o planeamento da recuperação física (progressiva e final) terá de ser feito em conformidade (Chaudhuri, 2008).

Na exploração mineira a céu aberto, os principais parâmetros de conceção da cava que influenciam a recuperação física são o volume de estéril a acomodar no aterro interno da mina, o volume de estéril a colocar no aterro externo e o volume do vazio residual. Na maior parte dos casos, a recuperação física será facilitada se o volume máximo da sobrecarga total for acomodado na lixeira interna, enquanto o volume da lixeira externa e do vazio residual é minimizado. Os resíduos de entulho ou de sobrecarga não devem ser considerados como simples subprodutos incómodos a eliminar da forma mais barata e simples possível; são um recurso valioso para a construção de uma paisagem. Os materiais a granel podem ser utilizados para melhorar as estradas de acesso, para o aterro em torno de faces íngremes de poços e pedreiras, como material de cobertura para aterros, para a construção de barreiras de triagem, etc. De facto, sem eles, seria muito difícil construir a paisagem da pedreira.

2.2.1.2 Método químico de restauro

2.2.1.2.1 Alterações do solo

A adição de corretivos orgânicos (subprodutos da combustão do carvão, biossólidos, estrume de aves de capoeira, lamas de depuração, serradura de fábricas de papel ou resíduos de madeira) pode melhorar drasticamente as condições depauperadas das escombreiras das minas. Estas alterações podem aliviar as condições adversas das escombreiras, melhorando a fertilidade do solo e reforçando o crescimento das plantas. Estas alterações orgânicas podem diminuir a densidade aparente do solo, aumentar a capacidade de retenção de água, melhorar a estabilidade dos agregados e aumentar a disponibilidade de nutrientes para as plantas. A matéria orgânica é um excelente corretor, uma vez que contém nutrientes; melhora a capacidade de retenção de água e a capacidade de troca catiónica dos solos arenosos ou pedregosos; melhora o arejamento e a drenagem em solos pesados. Fornece a base para a estrutura do solo e o início do ciclo de nutrientes. Os corretivos mais utilizados são os estrumes agrícolas, o composto, as lamas de depuração e o lixo municipal. Para melhorar a estrutura e a fertilidade do solo, são aplicados aditivos como a serradura (25 t/ha), as cinzas volantes (1 t/ha), o gesso (3 t/ha), os estrumes de quintal ($50m^3$ /ha) e as lamas de prensagem ($50m^3$ /ha). A serradura torna o solo mais poroso. Com a decomposição, a serradura transforma-se numa boa subestrutura para reter a humidade e dar uma boa textura ao solo ao longo do tempo. Também actua como um produto químico de proteção das plantas para controlar a multiplicação de nemátodos (Maiti, 2013).

As cinzas volantes adicionam micronutrientes ao solo com aplicação limitada. As cinzas volantes têm o potencial de melhorar a qualidade dos resíduos de minas e do solo para o estabelecimento de uma cobertura vegetal sustentada. Os principais benefícios são a melhoria das propriedades físicas e a neutralização da acidez. A maior parte das cinzas volantes aumentam a capacidade de retenção de água das escombreiras de textura grosseira e com elevado teor de fragmentos de rocha. As cinzas volantes alcalinas contêm uma alcalinidade significativa e actuam como materiais de calagem eficazes para solos e resíduos ácidos.

A lama de prensa da fábrica de cana-de-açúcar contém NPK e cálcio, que ajudam no crescimento das plantas. Também ajuda na multiplicação de microorganismos, melhorando a fertilidade do solo e a sua textura.

Os estabilizadores do solo incluem colas químicas que ligam as partículas finas do solo, são originários de fontes naturais e têm capacidade para reter a humidade/absorver a humidade. Exemplos destes são os lignossulfonatos, os adesivos resinosos e diferentes substâncias poliméricas.

2.2.1.3 Recuperação biológica

Trata-se de estabelecer e manter um coberto vegetal no novo relevo, que seja compatível com a paisagem envolvente, estável e cumpra os requisitos de pós-utilização. O estabelecimento da vegetação desempenha um papel fundamental em todos os aspectos do plano paisagístico. Tem funções importantes, como a proteção, a estabilização de taludes e o controlo da erosão, a melhoria das condições e da estrutura do solo, o valor estético (melhoria visual) e, por último, os meios para proporcionar um rendimento satisfatório após a utilização.

Os principais objectivos da recuperação biológica são tanto a curto como a longo prazo. A curto prazo, o objetivo é controlar a erosão rapidamente com plantas de crescimento rápido, as que poderiam atuar como primeiro colonizador no local abandonado podem ser misturas de gramíneas e leguminosas, por exemplo, os critérios de seleção de espécies com uma boa cobertura foliar, sempre-verdes, e com boa capacidade de ligação de materiais de entulho soltos, ou seja, de preferência um sistema radicular fibroso em tufos. Estas plantas também devem ter capacidade de crescer em condições ambientais extremas, como baixa humidade, alta temperatura, menos nutrientes, ausência de decompositores na superfície do entulho (sem húmus e matéria orgânica) e sem cobertura do solo (pode surgir em alguns casos). A longo prazo, o objetivo é criar um equilíbrio ecológico entre os resíduos, a microflora e a microfauna e as plantas com o ambiente circundante.

Para atingir o equilíbrio ecológico, a composição das espécies vegetais pode ser constituída por árvores florestais - principalmente árvores polivalentes (MPT) -, pomares, culturas em linha (se possível e economicamente viável), culturas forrageiras (leguminosas forrageiras e gramíneas), outras utilizações a longo prazo - parques ecológicos e zonas de recreio -, beleza estética - plantas frondosas, sempre-verdes e floridas -, controlo de poeiras (através da plantação de árvores com ramificação densa, sempre-verdes, folhas simples bem dispostas e superfície rugosa).

2.3 Propriedades do solo e recuperação de lixeiras

2.3.1 Propriedades químicas

2.3.1.1 Matéria orgânica

A matéria orgânica é constituída por resíduos vegetais e animais decompostos. A maioria dos solos cultivados contém até 1-5% de matéria orgânica nos 25 cm superiores do solo. Schafer et al. (1980) descobriram que a matéria orgânica estava presente apenas nos poucos centímetros superiores de solos com 53 anos de idade. A matéria orgânica nos solos é a fonte de (1) quase 90-95% de azoto, (2) 5-60% de fósforo, (3) 80% de enxofre e uma grande porção de boro e molibdénio (Donahue *et al.*, 1990). O nível médio de carbono orgânico (CO) no solo de minas recuperado é superior ao do solo superficial devido à acumulação e decomposição de folhagem. Este nível mais elevado de carbono orgânico nos solos de minas recuperados e não recuperados, em comparação com o solo superficial, pode dever-se à deposição de poeiras de carvão e à presença de conchas carbonosas e fracções de carvão nos materiais de cobertura (Maiti, 2003). O elevado nível de matéria orgânica nas escórias de minas melhora a agregação e a capacidade de infiltração e aumenta a disponibilidade de nutrientes.

O estado do carbono orgânico na maior parte dos resíduos da mina de carvão foi considerado baixo. A matéria orgânica do solo recuperado aumentou de 1,55% na plantação de sobrecarga do ano 2003-04 para 1,627% na plantação de depósitos de sobrecarga do ano 2000-01. Em contrapartida, o valor da matéria orgânica na plantação simples de 2000-01 foi de 1,55%. Nas plantações de 1995-96 e 1990-91, a matéria orgânica foi de 2,26% e 1,75%, respetivamente (Chaubey *et al.*, 2012).

A acumulação de carbono orgânico nas escombreiras depende da natureza do solo, da vegetação existente e do clima. Down (1974) encontrou 0,79, 1,52 e 1,81% de matéria orgânica em sítios com 0, 5 e 12 anos de idade, respetivamente, em escombros de minas em Somerset Coalfields, enquanto Rimmer (1982) relatou uma acumulação de matéria orgânica à taxa de 0,8% por ano no norte de Inglaterra em escombros com 1-8 anos de idade. No entanto, após 10 anos de plantação nas minas de Dhanpuri (NCL), verificou-se que o nível de carbono orgânico aumentou de 0,049 para 0,285%, o que parece ser muito baixo (Ramprasad e Awasthi, 1992). Num outro estudo sobre minas SCCL, Maiti e Reddy (2003) verificaram que a percentagem de acumulação de carbono orgânico aumentou de 0,01 para 0,8% após 8 anos de recuperação. Pode ver-se claramente que a acumulação de carbono orgânico não é uniforme e depende da natureza dos resíduos e da vegetação existente.

2.3.1.2 Nitrogénio

O azoto, a seguir à disponibilidade de água, é o fator limitante mais importante para o crescimento das plantas nos ecossistemas áridos e semiáridos. Na maior parte dos ecossistemas naturais, as entradas de azoto são mínimas e a retenção e o ciclo eficiente do azoto são fundamentais para a manutenção da produtividade do ecossistema. Além disso, ao contrário do solo não perturbado, no solo restaurado, as concentrações de amónio e nitrato não estão correlacionadas com a matéria orgânica do solo (SOM). A maior concentração de N inorgânico encontrada nas parcelas recuperadas, bem como as suas caraterísticas espaciais e a falta de correlação significativa com a MOS, sugerem que o ciclo de N deste sistema é menos eficiente, ou menos fortemente acoplado, do que no ecossistema não perturbado (Smith, 1993). A análise espacial das caraterísticas bióticas e abióticas sugere que a exploração das raízes é provavelmente menor no ecossistema restaurado, o que pode resultar em limitações de carbono na biomassa microbiana e na atividade em áreas afastadas das bases das plantas (Mummy *et al.*, 2002). Subsequentemente, a absorção de N pelas plantas e pelos micróbios é provavelmente menor nestas áreas, e o N mineralizado não é reciclado tão rapidamente de volta para a reserva orgânica. Isto pode ser importante para a estabilidade ecológica a longo prazo, porque o N inorgânico está potencialmente sujeito a maiores perdas por lixiviação, volatilização e conversão em formas gasosas do que as formas orgânicas de N. Além disso, sabe-se que níveis elevados de amónio aumentam a mineralização do N indígena do solo, resultando potencialmente em limitações de N nos anos seguintes. A camada de cobertura subjacente dos sítios recuperados encontra-se a uma profundidade pouco profunda e é muito permeável. O N lixiviado para este meio pode ser transportado para baixo do sistema radicular das gramíneas. Dada a ausência de raízes mais profundas de ervas e arbustos, este azoto pode não ser reintroduzido no sistema.

2.3.1.3 Fósforo

O fósforo é o "segundo nutriente essencial para as plantas" e um dos nutrientes mais problemáticos para o recuperador. Nos resíduos, o fósforo provém da decomposição das rochas (apatite) e da mineralização da matéria orgânica. O H solúvel$_2$ PO$_4$ reage rapidamente nos minerais de argila para formar fosfato insolúvel, o que se designa por "fixação de fosfato". Em solos ácidos, o fósforo forma fosfato insolúvel de Fe e Al e, em pH alcalino, forma fosfato de Ca (Brady, 2000). O fósforo está mais disponível a pH 6,5 para solos minerais e a pH 5,5 para solos orgânicos. Embora a concentração crítica para o P não esteja bem estabelecida, acredita-se que quando a relação carbono/orgânico P é de cerca de 200:1 ou mais estreita, o P é prontamente libertado mineralizado. Se o rácio for de 300:1 ou mais, os organismos utilizam a maior parte do P imobilizando-o nas suas células em vez de o libertarem para utilização pelas plantas. A concentração de P extraível foi considerada baixa no material de aterro, variando de 0,01 a 0,05 ppm ou um décimo da concentração de P observada no solo superficial. A concentração de P extraível foi registada em resíduos de minas de carvão na ordem dos 8,6 kg/ha (depósitos de entulho de Dhanpuri), 10,8-15,3 kg/ha (KD Heslong, CCL) e 19 kg/ha (depósitos de entulho de Bina). A concentração média de P para um crescimento ótimo das plantas deve ser da ordem dos 20 ppm (45 kg/ha).

2.3.1.4 Potássio

O terceiro elemento nutritivo chave 'K' é um enigma. A quantidade de K total encontrada na maioria dos solos é suficiente para muitas décadas, mas não está facilmente disponível para a planta, porque 98-99% do K está sempre na forma fixa. A maior parte do K utilizado pelas plantas numa determinada estação provém do K permutável e do K solúvel em água. Na maioria dos solos, o K permutável é a principal fonte de K para as plantas. Nos resíduos de minas, a concentração de K permutável foi encontrada numa gama baixa a moderada, como se mostra a seguir

Localizações e tipo de solo	K permutável (ppm)	Referências
Terra preta (Rajastão)	156	Biswas e Mukherjee
Solo aluvial (Bengala Ocidental)	273	(1994)
Solo vermelho (Jharkhand)	274	
Solo laterítico (Orissa)	39	
Solo alcalino (Deli)	234	
Solo florestal (Tamil Nadu)	117	
Restaurado	36.7	
Não reclamado	38.61	Projeto Heslong, CCL Maiti
Solo superficial	52.26	(2007)
Sobrecarga fresca	21.84	
Floresta natural de sal (0-15 cm)	126	Maiti (2006)
Lixeiras OB de 6-8 anos de idade		
0-10 cm	48.6	Maiti (1995)
10-20 cm	34.5	
20-30 cm	33.6	
30-40 cm	21.3	

2.3.1.5 Cálcio e magnésio

Os elementos Ca e Mg estavam a criar muitos problemas para o crescimento das plantas nas escombreiras das minas. Nas escombreiras de Bina, a concentração de Ca e Mg no NCL foi de 0,051 e 0,01%, respetivamente, o que é suficiente para o crescimento das plantas. Nas escombreiras alcalinas, as deficiências de Ca e Mg nas plantas podem ocorrer tanto na ausência como na presença de uma quantidade suficiente de $CaCO_3$

2.3.1.6 Micronutrientes

Os micronutrientes estão disponíveis no solo devido à meteorização contínua de minerais misturados com minerais primários. Estes metais são mais solúveis em soluções ácidas e dissolvem-se para formar concentrações tóxicas que podem efetivamente impedir o crescimento das plantas (Donahue *et al.*, 1990). A concentração de Cu, Zn, Fe e Mn foi afetada; mostrou uma tendência decrescente no solo da rizosfera com o aumento da idade das plantações. A melhoria gradual das propriedades do solo após a recuperação das lixeiras deveu-se ao controlo da erosão do solo, à adição de matéria orgânica e húmus e ao aumento da idade das plantações. Resultados semelhantes foram observados por Juwarkar e Jambhulkar (2009), Nath (2009), Jain, *et al.,* (2009). Observaram uma melhoria do estado do solo em diferentes povoamentos de plantações de diferentes idades, em comparação com a sobrecarga nua. Além disso, Dutta e Agarwal (2002) avaliaram as caraterísticas do solo e a atividade microbiana de terrenos de entulho de minas de carvão com vegetação (NCL, Sidhi, MP) sob plantações de cinco espécies exóticas *(Acacia auriculiformis, Casuarina equisetifolia, Cassia siamea,* híbrido *de* eucalipto e *Grevelia pleridifolia')* e constataram uma melhoria do estado do solo sob diferentes povoamentos de plantação de 4 anos em comparação com a sobrecarga. Tal pode dever-se às caraterísticas de sorção e dessorção do solo e à quantidade substancial de matéria orgânica (Krishnamurti *et. al,* 1999). Os metais também podem ser complexados e sequestrados na estrutura celular, tornando-se indisponíveis para translocação para a parte aérea (Lasat *et. al,* 1998).

2.3.1.7 Elementos pesados

A elevada concentração de metais pesados no solo afecta o crescimento das plantas, a clorose das folhas e a alteração da atividade de muitas enzimas-chave de várias vias metabólicas (Gowda *et al,* 2010). Uma concentração muito pequena de Pb no solo perturba a organização celular micro tabular das plantas (Hem, 1989). Na zona de Raniganj, há uma série de minas de carvão a céu aberto onde essa degradação ambiental foi registada. De *et al.,* (1985), Das e Chakrapani (2011) estudaram a concentração de metais vestigiais no solo superficial, no solo laterítico e nas águas subterrâneas das áreas de minas de carvão de Raniganj.

Capítulo 3

Propriedades químicas dos solos de minas numa cronosequência de recuperação sob plantação de neem

O complexo mineiro a céu aberto de Gevra, na cidade de Gevra, Chhattisgarh, é a maior mina a céu aberto da Ásia e a segunda maior do mundo. A extração mineira a céu aberto produz uma enorme quantidade de resíduos, o que perturba a estética da paisagem, perturba os componentes do solo, como os horizontes e a estrutura do solo, as populações de micróbios do solo e os ciclos de nutrientes, que são cruciais para a manutenção de um ecossistema saudável, e resulta na destruição da vegetação existente e do perfil do solo. Os esforços de conservação e de recuperação para assegurar a utilização contínua e benéfica dos recursos terrestres são essenciais e, neste sentido, a plantação de árvores tem desempenhado um papel importante. Seguem-se as propriedades químicas dos solos das minas numa cronosequência de recuperação sob plantação de nim.

4.2 Propriedades químicas

Entre as propriedades químicas, foram estudados o pH, a condutividade eléctrica, o carbono orgânico total, o fósforo disponível, o potássio disponível e o Zn, Fe, Cu, Mn, Cd, Ni e Pb extraíveis por DTPA.

4.2.1 pH

A reação do solo é um indicador importante do processo de recuperação do solo. É rapidamente medida e fácil de interpretar, o que a torna o indicador mais importante em muitos estudos de recuperação. O pH do aterro foi registado na proporção 1:2,5 de água no solo, utilizando um medidor de pH da marca Systronics (modelo 361) e é apresentado no quadro 1, figura 1. A leitura dos dados revela que os solos cultivados perto da área mineira eram ácidos em reação, com um pH médio de 5,3. O pH era uniforme nas profundidades de 0-5 e 5-15 cm (Quadro 1, fig. 1), o que representa uma mistura uniforme do solo devido ao cultivo. Na floresta natural, o pH do solo era, no entanto, mais elevado na camada superficial e ácido abaixo (5-15 e 15-30 cm). Os solos da região de Chhattisgarh foram considerados predominantemente ácidos (Bhausaheb, 2014) e desenvolveram-se em materiais de origem ácidos devido à presença de ferro e húmus.

Este solo é composto por muitos minerais devido à sua composição a partir de lava erupcionada. O solo é rico em ferro, magnésia, cal e alumina.

O aterro de sobrecarga foi considerado ácido com pH médio de 6,0 (Tabela 1). No entanto, o pH aumentou de 6,6 para 6,9 em 7 e 25 anos de recuperação sob árvores de nim. O pH médio nos 0-5 cm foi muito mais elevado em comparação com os 5-15 cm (6,1) ou 30-60 cm (5,9), revelando o facto de que a recuperação através da plantação de árvores teve um efeito favorável no aumento do pH das escórias ácidas das minas. Este facto é também claramente confirmado pela análise do pH médio da escombreira ao longo dos anos, uma vez que aumentou de 5,7 para 6,8 no espaço de 7 e 10 anos após a recuperação. Chaubey et al., (2012) trabalharam com resíduos de minas de carvão em Jhingurda, Singrauli (M.P.) e referiram que o pH do solo recuperado aumentou de 6,30 na plantação de sobrecarga do ano 2003-04 para 6,68 na plantação de sobrecarga do ano 2000-01. Maharana e Patel (2013) também referiram que o pH registou uma melhoria ao longo de um período de 10 anos.

Tabela 1. Influência do período de restauração de resíduos de minas por árvores no pH a diferentes profundidades.

Período de restauro	Profundidade da amostragem				Média
	(cm)				
(Anos)	0-5	5-15	15-30	30-60	
0*	5.7	6.2	6.0	NA**	6.0
7	6.6	5.6	5.4	5.1	5.7
10	6.7	6.7	7.1	6.7	6.8
25	6.9	5.9	6.2	5.9	6.2
Média	6.5	6.1	6.2	5.9	6.17
Referência					
Solo cultivado	5.2	5.2	5.4	5.4	5.3
Floresta natural	5.6	5.3	5.4	5.8	5.5
Média	5.4	5.3	5.4	5.6	5.4

*Representa a lixeira com um ano de idade sem restauração com árvores

**NA=Não disponível porque a camada de descarga atinge a rocha

Fig. 1. Influência do período de restauração de resíduos de minas por árvores no pH a diferentes profundidades.

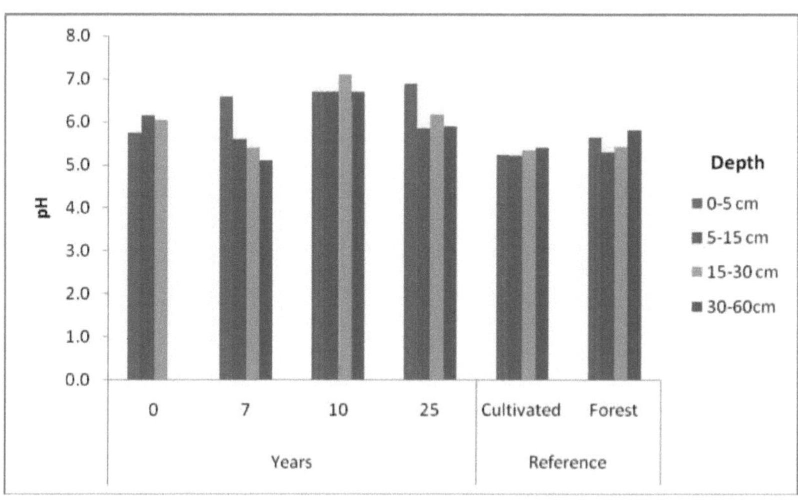

4.2.2 Condutividade eléctrica

A condutividade eléctrica é a medida da solubilidade dos sais no solo. A maioria dos sais solúveis é composta pelos catiões Na, Mg e Ca e pelos aniões cloreto, sulfato e bicarbonato. Normalmente, ocorrem também pequenas quantidades de potássio, amónio, nitrato e carbonato. Os solos que são salinos podem ser reconhecidos pela sua elevada CE e podem colocar problemas no crescimento das culturas e na recuperação de minas através da revegetação devido aos efeitos osmóticos. A CE do aterro foi registada na proporção 1:2,5 de água no solo, utilizando um medidor de CE da marca Systronics (modelo 361) e é apresentada no quadro 2, figura 2. A leitura dos dados revela que os solos cultivados perto da área mineira tinham uma CE média de 0,07 dS m^{-1} . Na floresta natural, a CE do solo era, no entanto, mais baixa do que nos campos cultivados. Verificou-se que a condutividade eléctrica do aterro de sobrecarga diminuía com o aumento dos anos de restauração (Quadro 2). Fresquez e Aldon (1987) também registaram uma CE mais elevada da escombreira de mina do que do solo não perturbado. Uma vez que o valor da CE da escombreira restaurada era inferior a 4 dS m^{-1} , pode concluir-se que os solos eram todos não salinos e não constituíam um problema para a restauração através da revegetação, uma opinião também apoiada por Maiti (2006).

Tabela 2.   **Influência do período de restauração de resíduos de minas por árvores na CE (dS m^{-1}) a diferentes profundidades.**

Período de restauro (Anos)	Profundidade da amostragem (cm)				Média
	0-5	5-15	15-30	30-60	
0*	0.12	0.02	0.03	NA**	0.05
7	0.12	0.02	0.01	0.00	0.03
10	0.09	0.01	0.02	0.00	0.03
25	0.02	0.01	0.01	0.00	0.01
Média	0.08	0.015	0.01	0.00	0.03
Referência					
Solo cultivado	0.12	0.04	0.06	0.07	0.07
Floresta natural	0.01	0.01	0.02	0.00	0.01
Média	0.06	0.02	0.04	0.03	0.04

*Representa a lixeira com um ano de idade sem restauração com árvores

**NA=Não disponível porque a camada de descarga atinge a rocha

Fig. 2. Influência do período de restauração de resíduos de minas por árvores na CE a diferentes profundidades.

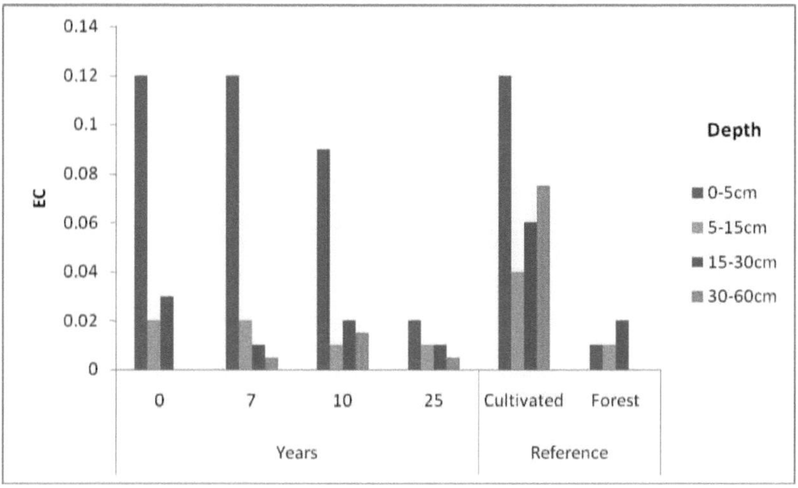

4.2.3 Carbono orgânico total

O COT da lixeira foi determinado e é apresentado no quadro 3 e na figura 3. A análise dos dados revela que os solos cultivados perto da zona mineira têm uma quantidade suficiente de carbono orgânico total, porque os agricultores cultivam arroz durante a época da colheita e deixam os campos de cultivo durante a época da rabi, juntamente com os restos de restolhos de arroz que foram plantados durante a colheita. Na floresta natural, o COT do solo era comparável ao do solo cultivado e estava a diminuir com a profundidade.

O aterro de sobrecarga também foi considerado suficiente em TOC com TOC médio de 1,6% (Tabela 3). O COT aumentou de 3,59% para 4,63% em 0-5 cm sob 7 e 25 anos de recuperação sob árvores de nim. O COT médio nos 0-5 cm foi muito mais elevado em comparação com os 5-15 cm (1,12%), revelando o facto de que a recuperação através da plantação de árvores teve um efeito favorável no aumento do COT das escombreiras de uma mina. Este facto é também claramente confirmado pela análise do COT médio da escombreira ao longo dos anos, uma vez que aumentou de 1,34% para 2,21% entre 0 e 25 anos de recuperação. As impurezas do carvão podem também contribuir para o teor total de C.

Foi observada uma relação positiva entre argila (%) e carbono orgânico (mg C/g de solo) entre diferentes locais de sobrecarga. Verificou-se que o aumento do carbono orgânico está correlacionado com o aumento da fração de argila em terrenos ecologicamente perturbados (Roberts *et al.,* 1981; Marrs *et al,* 1981). De acordo com Marshman e Marshall (1981), a argila actua como um sumidouro de absorção de material orgânico. O aumento da fração orgânica, com o aumento da argila, pode também dever-se ao facto de os complexos orgânicos absorvidos na superfície da argila estarem a ser fisicamente protegidos contra a decomposição (Dixon,1989), o que leva a uma acumulação do nível de carbono orgânico do solo, em relação à idade da sobrecarga da mina.

O carbono orgânico, em associação com as partículas primárias do solo, promove a macro-agregação (Gupta e Germida, 1988). A influência benéfica da matéria orgânica na formação de agregados do solo, na estabilidade estrutural do solo e na capacidade de retenção de nutrientes foi objeto de uma análise exaustiva (Prinsley e Swift, 1987). O C orgânico em amostras de resíduos recolhidos de diferentes séries etárias de resíduos de minas mostrou uma melhoria considerável, sugerindo a recuperação de resíduos de minas de carvão (Garcia *et al.*, 1996; Srivastava *et al,* 1989). O estabelecimento de vegetação e o aumento da entrada de folhada do compartimento da vegetação, durante o curso da restauração passiva ou ativa, é complementado pela melhoria do carbono orgânico do solo (Barnhisel, 2000). O aumento da matéria orgânica está associado ao aumento do carbono orgânico, o que resulta num aumento global da atividade microbiana do solo (Pederson *et al,* 1988). Mukhopadhyay e Maiti (2011) também registaram um aumento da percentagem de carbono orgânico e uma melhoria geral das propriedades do solo devido ao estabelecimento de plantações com o aumento dos anos de restauração. O aumento do nível de carbono orgânico deveu-se à acumulação de folhagem e à sua decomposição para formar húmus (Maiti e Ghose, 2005). O carbono orgânico foi positivamente correlacionado com N e K disponíveis e negativamente correlacionado com Fe, Mn, Cu e Zn (Maiti e Ghose, 2005). Num estudo realizado nas minas da Singareni Collieries Company Limited, Maiti e Reddy (2003) verificaram que a acumulação de carbono orgânico aumentou de 0,01 para 0,8% após 8 anos de recuperação.

Pode ver-se claramente que a acumulação de carbono orgânico não é uniforme e depende da natureza dos resíduos e da vegetação existente. Devido à menor acumulação de MO, foi registada uma disponibilidade reduzida de nutrientes em sítios recuperados em comparação com solos de sítios naturais (Maiti, 2007). Foi realizada uma experiência de campo durante 3 anos para estudar a capacidade da leguminosa Stylosanthes para aumentar a matéria orgânica e o azoto nos resíduos de minas de carvão nuas no projeto a céu aberto de Kusunda (BCCL). Os resultados mostraram que o carbono orgânico foi aumentado para 1,9% após 3 anos (o nível inicial era de 0,44%). A taxa de aumento foi de 141 e 79% para o segundo e terceiro anos, respetivamente. O rápido aumento inicial do nível de CO deveu-se à acumulação e incorporação de biomassa de leguminosas (folhas) na superfície. Este nível mais elevado de carbono orgânico nos solos de minas recuperados e não recuperados, em comparação com o solo superficial, pode dever-se à deposição de poeiras de carvão e à presença de casca carbonosa e fração de carvão nos materiais de cobertura (Maiti 2003). Os elevados níveis de carbono orgânico registados no presente estudo podem provavelmente ser atribuídos às causas acima mencionadas.

Quadro 3. **Influência do período de recuperação de resíduos de minas por árvores no carbono orgânico total (%) a diferentes profundidades**

Período de restauro (Anos)	Profundidade da amostragem (cm)				Média
	0-5	5-15	15-30	30-60	
0*	2.34	0.84	0.85	NA**	1.34
7	3.59	0.44	0.84	1.50	1.59
10	2.8	1.5	0.43	0.36	1.27
25	4.63	1.72	1.6	0.91	2.21

Média	3.34	1.12	0.93	0.92	1.60
Referência					
Solo cultivado	3.22	0.39	0.16	0.12	0.97
Floresta natural	3.17	0.43	0.27	0.16	1.00
Média	3.19	0.41	0.21	0.14	0.99

*Representa a lixeira com um ano de idade sem restauração com árvores

**NA=Não disponível porque a camada de descarga atinge a rocha

Fig. 3. Influência do período de recuperação de resíduos de minas por árvores no carbono orgânico total a diferentes profundidades

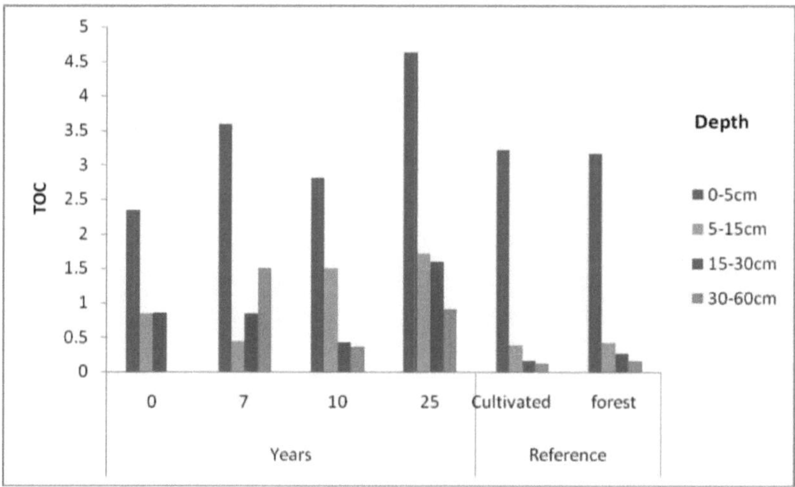

4.2.4 Fósforo disponível

Nas escombreiras de carvão, os factores mais limitantes para o estabelecimento das plantas são (a) o stress hídrico e (b) os nutrientes, particularmente o azoto e o fósforo (Norland, 1993). A leitura dos dados apresentados no quadro 4 revela que o fósforo disponível no campo cultivado (3,6ppm) e na floresta natural (3,2ppm) em 0-5 cm não era muito diferente um do outro e cai na categoria baixa. O teor de fósforo na camada superficial da camada de cobertura recentemente extraída foi de 8,5 ppm e aumentou em profundidades inferiores para 19,3 ppm. Pode ver-se no quadro 4 que o teor de fósforo diminuiu com a profundidade ao longo dos anos de plantação, enquanto o teor de fósforo aumentou com o aumento dos anos de plantação. O fósforo médio nos 0-5 cm (12,9 ppm) era muito mais elevado do que nos 5-15 cm (10,4 ppm) ou nos 30-60 cm (9,8 ppm), o que revela o facto de que a restauração através da plantação de árvores teve um efeito favorável no aumento do teor de fósforo das escombreiras de minas. Este facto é também claramente confirmado pela análise da média de fósforo da escombreira ao longo dos anos, uma vez que aumentou de 5,3 ppm para 8,1 ppm no espaço de 7 e 10 anos após a recuperação.

Vários estudos mostraram que as plantações de árvores melhoram as condições do solo, aumentando a massa e as concentrações de matéria orgânica e de nutrientes disponíveis e diminuindo a densidade aparente do solo (Miller, 1984; Sanchez et al., 1985; Bernhard-Reversat, 1988; Parrotta, 1992). O fósforo tem sido relatado como um nutriente limitante importante durante a colonização e o processo de sucessão inicial em terras mineradas à superfície (Maiti, 1995). O fósforo disponível é também mais baixo em comparação com o solo superficial, o que pode dever-se à fixação do fósforo pela casca do carvão (Coppin e Bradshaw, 1982) e, em pH ácido, forma fosfato de alumínio e ferro insolúvel (Brady, 2000). Embora o teor total de fósforo de algumas escombreiras de minas possa ser igual ou superior ao dos solos não minados, o fósforo disponível para as plantas em quase todas as escombreiras situa-se invariavelmente na gama de deficiência (Y amamoto, 1975).

O carbono da matéria orgânica do solo fornece uma fonte de energia para os processos biológicos e serve de reservatório de azoto, fósforo e enxofre, pelo que o teor de fósforo acompanha de perto o teor de carbono das lixeiras. A folhada e os seus teores de C, N e P aumentaram significativamente com a idade da plantação. Chaubey et al., (2012) referiram que o P disponível no solo recuperado aumentou de 8,38 kg ha^{-1} na plantação de entulho do ano 2003-04 para 9,25 kg ha^{-1} na plantação de entulho do ano 2000-01. Maharana e Patel (2013) referiram que o teor de fósforo registou uma melhoria ao longo de um período de 10 anos. Referiu que o fósforo disponível em amostras de entulho recolhidas de diferentes séries etárias de sobrecargas de minas apresentava uma tendência crescente com um mínimo em 0 anos e um máximo em 10 anos de plantação na sobrecarga. O fósforo apresentou uma melhoria gradual e mostrou uma relação positiva com a idade da sobrecarga. De acordo com o estudo de Maharana e Patel (2013), revelou-se claramente que, com o passar do tempo, os resíduos da sobrecarga mostraram sinais de restauração, acumulando fósforo para apoiar a vegetação e a biodiversidade do solo.

Quadro 4. **Influência do período de restauração de resíduos de minas por árvores no fósforo disponível (ppm) em diferentes profundidades.**

Período de restauro (Anos)	Profundidade da amostragem (cm)				Média
	0-5	5-15	5-30	30-60	
0*	8.5	19.3	19.3	NA**	15.7
7	9.5	4.4	2.2	5.2	5.3
10	16.4	5.2	3.2	7.5	8.1
25	17.4	12.4	10.1	16.9	14.2
Média	12.9	10.4	8.7	9.8	10.5

Referência

Solo cultivado	3.6	3.2	2.6	1.8	2.8
Floresta natural	3.2	1.3	3.9	2.1	2.6
Média	3.4	2.3	3.2	1.9	2.7

*Representa a lixeira com um ano de idade sem restauração com árvores

**NA=Não disponível porque a camada de descarga atinge a rocha

Fig. 4. Influência do período de restauração de resíduos de minas por árvores no fósforo disponível a diferentes profundidades

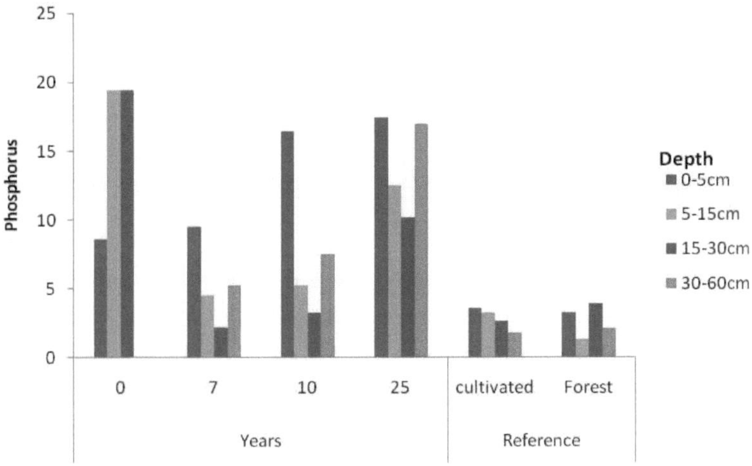

4.2.5 Potássio disponível

O potássio é também a causa do fraco crescimento das plantas nos resíduos da mina. O potássio do aterro foi analisado em laboratório e é apresentado na tabela 5, figura 5. A análise dos dados revela que os solos cultivados perto da área de extração mineira têm um teor elevado de potássio, com um valor médio de 189,5 kg h^{-1} . Na floresta natural, o teor de potássio do solo é, no entanto, mais elevado (263,08 kg h^{-1}) na camada superficial e diminui a profundidades inferiores (5-15 e 15-30 cm).

O aterro de sobrecarga foi considerado deficiente em K disponível com nível médio de potássio de 66,2 kg h^{-1} (Tabela 5). O nível de potássio, no entanto, aumentou de 32,2 kg h^{-1} para 125,0 kg h^{-1} em 0-5cm de 7 a 25 anos de recuperação sob árvores de nim. O potássio médio nos 0-5 cm foi muito mais elevado do que nos 30-60 cm (51,6 kg h^{-1}), revelando o facto de que a recuperação através da plantação de árvores teve um efeito favorável no aumento do potássio disponível nas escórias das minas. Este facto é também claramente confirmado pela análise do teor médio de potássio da escombreira ao longo dos anos, que aumentou de 30,3 kg h^{-1} para 112,1 kg h^{-1} com 7 e 25 anos de recuperação.

Os três principais macronutrientes, nomeadamente o azoto, o fósforo e o potássio, são geralmente considerados deficientes nas lixeiras (Coppin e Bradshaw, 1982; Sheoran *et al*, 2008). De acordo com o estudo de Chaubey *et al*, (2012), o teor de K disponível no solo recuperado aumentou de 81,76 kg h^{-1} na plantação de entulho do ano 2003-04 para 113,77 kg h⁻¹ na plantação de OB do ano 2000-01. Em contrapartida, o valor de K disponível na plantação de 2000-01 foi de 61,76 kg h⁻¹ . Nas plantações de 1995-96 e 1990-91, o K disponível foi de 64,75 kg/ha e 110,42 kg/ha, respetivamente. O teor de potássio dos sítios de resíduos de minas foi 19,5 a 38,9 por cento mais baixo em comparação com os sítios de solo nativo. Foi estimado que o potássio disponível de 100 ppm é suficiente para o crescimento das plantas, 50-100ppm indica deficiência moderada e 0 a 50ppm de potássio disponível indica alta deficiência para o crescimento das plantas (Gammel, 1990). Sadhu *et al.*, (2012) descobriram que o potássio disponível em lixeiras sobrecarregadas era altamente deficiente em potássio disponível, ao passo que os solos nativos apresentam uma gama moderada a baixa de potássio disponível. Verificou-se que o potássio permutável era mais baixo nos solos de minas recuperados do que no solo superficial, enquanto a capacidade de troca catiónica (CEC) para o solo superficial era significativamente mais elevada do que nos solos de minas (Sheoran *et al*, 2010). Nos resíduos de minas, a concentração de K permutável foi considerada de baixa a moderada, o aterro não recuperado tinha 38,61 ppm de K, o solo superficial 52,26 ppm de K, o aterro fresco tinha 21,84 ppm de K e a floresta salina natural (0-15 cm) tinha 126 ppm de K (Maiti, 2006).

Tabela 5. **Influência do período de restauração de resíduos de minas por árvores no potássio disponível (kg h⁻¹) em diferentes profundidades.**

Período de restauro (Anos)	Profundidade da amostragem (cm)				Média
	0-5	5-15	15-30	30-60	
0*	87.0	118.0	130.3	NA**	11.8
7	32.2	28.7	28.7	31.6	30.3
10	17.2	10.3	6.9	8.6	10.7
25	125.0	129.9	78.7	114.7	112.1
Média	65.3	71.7	61.1	51.6	66.2
Referência					
Solo cultivado	246.9	166.6	149.6	194.6	189.4
Floresta natural	263.0	215.7	258.9	265.4	250.8
Média	255.0	191.1	204.2	230.0	220.1

*Representa a lixeira com um ano de idade sem restauração com árvores
**NA=Não disponível porque a camada de descarga atinge a rocha

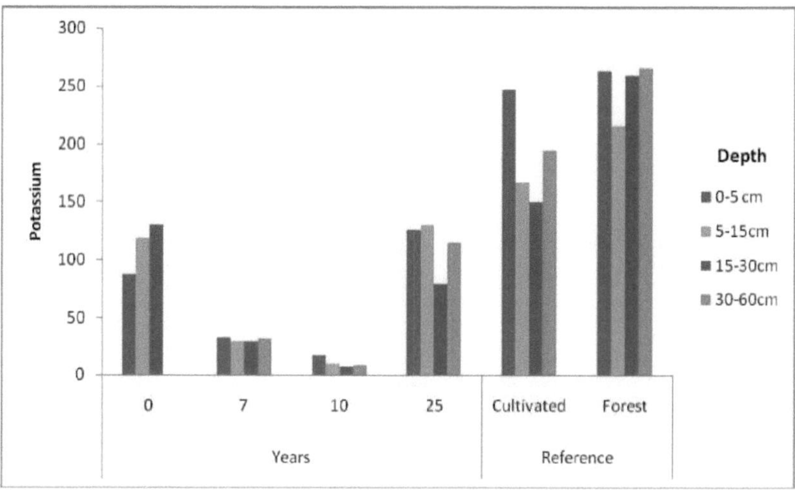

4.2.6 Micronutrientes disponíveis

Dos sete micronutrientes essenciais, a abundância/requisitos das plantas são os seguintes: Fe > Mn > B > Zn > Cu > Mo > Cl. Estes elementos, se estiverem presentes em quantidades superiores aos limites, tornam-se tóxicos. O teor de micronutrientes do aterro foi extraído em DTPA e medido com um espetrofotómetro de absorção atómica e é apresentado na tabela 6-9, figura 6-9. A leitura dos dados revela que os solos cultivados perto da área mineira eram suficientes em termos de teor de micronutrientes, com uma média de ferro, manganês, zinco e cobre de 21,7, 26,1, 0,9 e 0,6 mg kg^{-1} . O teor de micronutrientes era mais elevado nas florestas naturais do que nos campos cultivados, exceto no que diz respeito ao ferro, sendo o valor médio do ferro, manganês, zinco e cobre na floresta natural de 9,4, 32,8, 0,4, 0,5 mg kg^{-1} respetivamente. Na floresta natural, o teor de micronutrientes do solo era, no entanto, mais elevado na camada superficial e diminuía abaixo (5-15 e 15-30 cm), exceto no caso do cobre, que aumentava com a profundidade, provavelmente devido à formação do complexo orgânico-Cu.

O aterro de sobrecarga mostrou uma melhoria no conteúdo de micronutrientes com o aumento do tempo de restauração com o conteúdo médio de micronutrientes mostrado na (Tabela 6-9). O estado dos micronutrientes aumentou a partir de 7 e 25 anos de recuperação sob árvores de neem. A média de micronutrientes nos 0-5 cm foi muito mais elevada em comparação com os 5-15 cm ou 15-30, revelando o facto de que a recuperação através da plantação de árvores teve um efeito favorável no aumento dos micronutrientes dos resíduos da mina. Este facto é também claramente confirmado pela análise do teor médio de micronutrientes do aterro ao longo dos anos, uma vez que aumentou de 5,5 mg kg^{-1} para 74,8 mg kg^{-1} para o ferro, 1,5 mg kg^{-1} para 40,3 mg kg^{-1} para o manganês, 0,5 mg kg^{-1} para 3,7 mg kg^{-1} para o zinco e quase o mesmo para o cobre nos 0 e 25 anos de recuperação.

De acordo com o trabalho de Sadhu *et al.* (2012), entre os metais, o Fe teve a concentração média mais elevada (21,8 mg kg^{-1} na lama da mina, 20,8 mg kg^{-1} no solo nativo), enquanto o valor mais baixo foi para o Cd (0,97 mg kg^{-1} obtido tanto na lama da mina como no solo nativo). As concentrações médias de outros metais foram de 12,3 mg kg^{-1} e 12,2 mg kg^{-1} para o Co, 49,5 mg kg^{-1} e 43,9 mg kg^{-1} para o Cr, 12,9 mg kg^{-1} e 11,5 mg kg^{-1} para o Cu, 386,24 mg kg^{-1} e 538.50 mg kg^{-1} para o Mn, 25,66 mg kg^{-1} e 26,82 mg kg^{-1} para o Ni, 216,56 mg kg^{-1} e 106,88 mg kg^{-1} para o Ti, e 39,71 mg kg^{-1} 40,73 mg kg^{-1} para o Zn nos resíduos de minas e no solo nativo, respetivamente.

Os micronutrientes estão disponíveis no solo devido à meteorização contínua de minerais misturados com minerais primários. Estes metais são mais solúveis em soluções ácidas e dissolvem-se para formar concentrações tóxicas que podem efetivamente impedir o crescimento das plantas (Donahue et al., 1990; Barcelo e Poshenrieder, 2003; Das e Maiti, 2005). Maiti e Ghose, (2005), ao trabalharem na recuperação da sobrecarga ácida de carvão, referiram que é essencial aumentar o pH e o teor de matéria orgânica para a recuperação sustentável da sobrecarga mineira. Sheoran *et al.* (2010), durante uma investigação, descobriram que as árvores de crescimento rápido, resistentes à seca e disponíveis localmente são capazes de crescer em resíduos ácidos deficientes em nutrientes e aumentaram a concentração de Fe disponível em todas as lixeiras recuperadas para mais de 4,5 mg kg^{-1} , Mn com valor médio de 13 mg kg^{-1} , 9 a 42 mg kg^{-1} para Zn, 0,32 a 1,22 mg kg^{-1} para Cu. Segundo Lindsay e Norvell (1978), se a concentração de micronutrientes no solo for superior a 4,5 mg kg^{-1} para o Fe, 1,0 mg kg^{-1} para o Mn, 1,0 mg kg^{-1} para o Zn e 0,4 mg kg^{-1} para o Cu, os valores são considerados altamente suficientes para uma recuperação ecológica sustentável.

Na extração mineira a céu aberto, grandes quantidades de resíduos escavados são despejadas à superfície (escombros de minas), que podem conter vários vestígios de metais. A maior parte destes metais vestigiais são tóxicos por natureza e afectam o ambiente à superfície e à subsuperfície quando a sua concentração excede o limite permitido. De acordo com o trabalho de Sadhu *et al.* (2012), a concentração média de Fe foi de 21,19 mg kg^{-1} , inferior ao valor de fundo, mas superior ao valor médio mundial de concentração no solo. Em condições favoráveis, existe a possibilidade de enriquecimento de Fe no solo nativo. A concentração média de Mn, Zn, Cu, Cr e Pb foi de 426,37, 40,22, 142,19, 46,75 e 8,23 mg kg^{-1} , respetivamente, que são inferiores à concentração de fundo e à concentração média no solo mundial.

Os solos de quatro locais de MCO do campo de carvão mais antigo da Índia não apresentam qualquer concentração significativa de Mn, Zn, Cu e Cr (Sadhu *et al.*, 2012). A concentração média de metais (como Cu, Zn, Fe e Mn) apresentou uma tendência decrescente com o aumento da idade das plantações (Sadhu *et al.*, 2012). A melhoria gradual das propriedades do solo após a recuperação das lixeiras foi devida ao controlo da erosão do solo, à adição de matéria orgânica e húmus e ao aumento da idade das plantações. Resultados semelhantes foram observados por Juwarkar e Jambhulkar (2009), Nath (2009), Jain, *et al,* (2009). Observaram uma melhoria do estado do solo em diferentes povoamentos de plantações de diferentes idades, em comparação com o solo nu. Além disso, Dutta e Agarwal (2002) avaliaram as caraterísticas do solo e a atividade microbiana de terrenos de entulho de minas de carvão com vegetação (NCL, Sidhi, MP) sob plantações de cinco espécies exóticas *(Acacia auriculiformis, Casuarina equisetifolia, Cassia siamea, Eucalyptus* hybrid e *Grevelia pleridifolia)* e constataram uma melhoria do estado do solo sob diferentes povoamentos de plantação de 4 anos em comparação com a sobrecarga. No que respeita à concentração de metais pesados como Cu, Zn, Fe e Mn, verificou-se uma tendência decrescente no solo da rizosfera com o aumento da idade das plantações. Isto pode dever-se às caraterísticas de sorção e dessorção do solo e à quantidade substancial de matéria orgânica (Krishnamurti *et al,* 1999).

Tabela 6. **Influência do período de restauração de resíduos de minas por árvores no ferro (mg/kg) a diferentes profundidades.**

Período de restauração (anos)	Profundidade da amostragem (cm)				Média
	0-5	5-15	15-30	30-60	
0*	6.4	5.6	4.5	NA**	5.5
7	13.5	12.0	11.2	9.6	11.6
10	15.3	14.6	13.4	11.5	13.7
25	102.4	74.4	63.4	58.9	74.8
Média	34.4	26.7	23.1	26.7	26.4
Referência					
Solo cultivado	55.5	12.7	9.4	8.9	21.6
Floresta natural	13.0	10.2	7.9	6.3	9.4
Média	34.3	11.5	8.7	7.6	15.5

*Representa uma lixeira com um ano de idade sem restauração com árvores

**NA=Não disponível porque a camada de descarga atinge a rocha

Fig. 6. Influência do período de restauração de resíduos de minas por árvores no Ferro Disponível a diferentes profundidades.

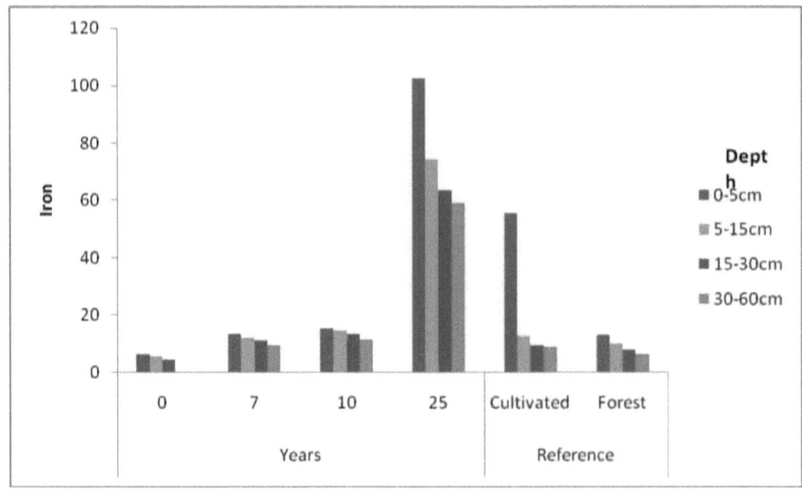

Tabela 7.   **Influência do período de restauração de resíduos de minas por árvores no manganês disponível (mg kg^{-1}) em diferentes profundidades.**

Período de restauro (Anos)	Profundidade da amostragem (cm)				Média
	0-5	5-15	15-30	30-60	
0*	1.6	1.5	1.4	NA**	1.5
7	13.9	18.9	11.2	23.7	16.9
10	15.3	20.6	13.4	17.1	16.6
25	67.4	37.6	25.9	30.2	40.3
Média	24.5	19.7	13.0	23.7	18.8
Referência					
Solo cultivado	26.8	32.8	23.9	20.6	26.0
Floresta natural	66.8	32.0	21.8	10.4	32.8
Média	46.8	32.4	22.9	15.5	29.4

*Representa a lixeira com um ano de idade sem restauração com árvores
**NA=Não disponível porque a camada de descarga atinge a rocha

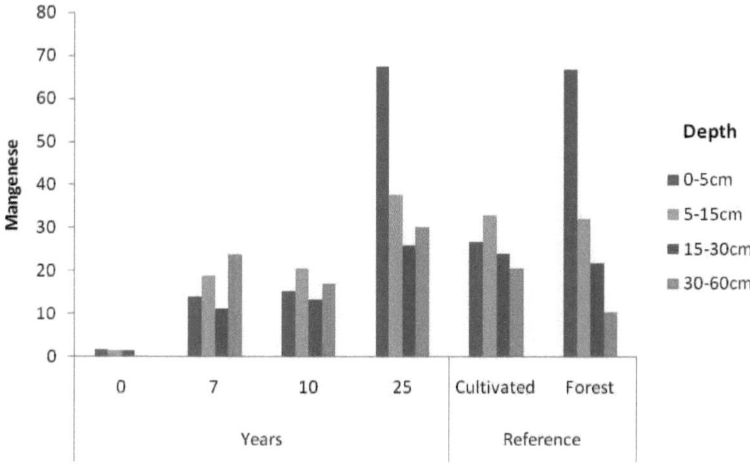

Tabela 8. Influência do período de restauração de resíduos de minas por árvores no zinco disponível (mg kg^{-1}) a diferentes profundidades.

Período de restauro	Profundidade da amostragem				
(Anos)	(cm)				Média
	0-5	5-15	15-30	30-60	
0*	0.7	0.5	0.4	NA**	0.5
7	1.7	0.2	0.1	0.1	0.6
10	2.7	1.0	0.5	0.4	1.4
25	3.9	3.5	3.5	3.6	3.7
Média	2.2	1.3	1.1	1.4	1.6
Referência					
Solo cultivado	1.3	0.8	0.5	0.6	0.9
Floresta natural	0.4	0.3	0.4	0.4	0.4
Média	0.9	0.5	0.5	0.5	0.6

*Representa a lixeira com um ano de idade sem restauração com árvores
* *NA=Não disponível porque a camada de descarga atinge a rocha

Fig. 8. Influência do período de restauração de resíduos de minas por árvores no zinco disponível a diferentes profundidades.

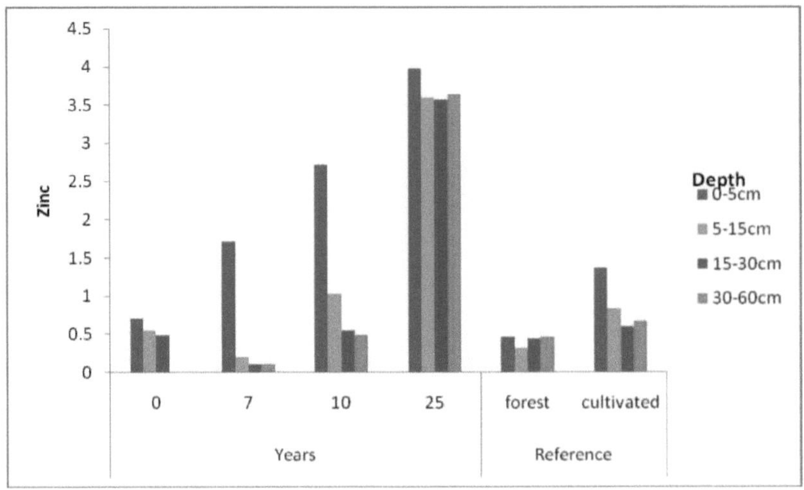

Tabela 9. Influência do período de restauração da lama da mina por árvores no cobre disponível (mg kg⁻¹) a diferentes profundidades.

Período de restauro	Profundidade da amostragem				
(Anos)	(cm)				Média
	0-5	5-15	15-30	30-60	
0*	1.3	1.3	1.4	NA**	1.3
7	1.0	1.0	1.0	0.7	0.9
10	0.9	0.9	0.9	0.8	0.9
25	1.3	1.2	1.3	1.5	1.3
Média	1.1	1.1	1.2	1.0	1.1
Referência					
Solo cultivado	0.4	0.6	0.7	0.8	0.6
Floresta natural	0.2	0.5	0.6	0.6	0.5
Média	0.3	0.6	0.6	0.7	0.5

*Representa a lixeira com um ano de idade sem restauração com árvores
* *NA=Não disponível porque a camada de descarga atinge a rocha

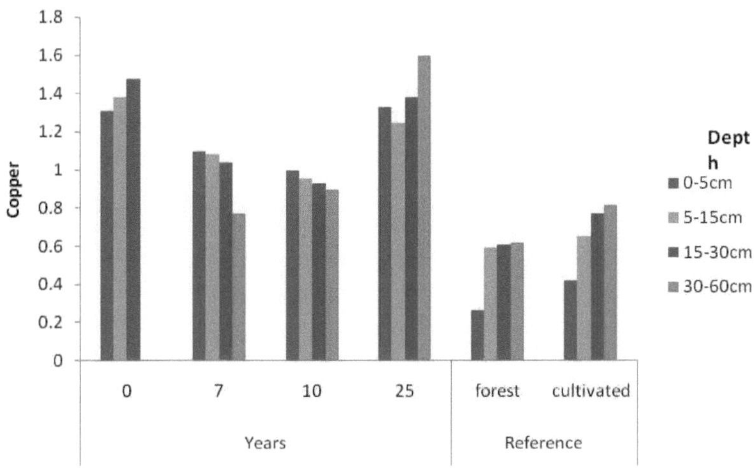

Fig. 9. Influência do período de restauração de resíduos de minas por árvores no cobre disponível a diferentes profundidades.

4.2.7 Metais pesados

O teor de metais pesados (Cd, Ni e Pb) do aterro foi medido em laboratório e é apresentado na tabela 10-12, figura 10-12. A análise dos dados revela que os solos cultivados perto da área mineira tinham um teor mais baixo de metais pesados, sendo a média de cádmio, níquel e chumbo de 0,02, 0,61 e 1,71 mg kg^{-1} . O teor de metais pesados era quase o mesmo nas florestas naturais, com valores médios de cádmio, níquel e chumbo de 0,01, 0,51 e 1,70 mg kg^{-1} . Na floresta natural e nos campos cultivados, o teor de metais pesados do solo era muito inferior à concentração total crítica do solo, que é de 0,1-2,4ppm para o Cd, 100-400ppm para o Pb e 100ppm para o Ni (Alloway, 1990).

Verificou-se que o teor de metais pesados no aterro era variável, com o aumento do tempo de restauração, o teor médio de cádmio diminuiu, enquanto o de níquel e chumbo aumentou, como se pode ver no Quadro 10-12. O teor médio de metais pesados nos 0-5 cm foi muito mais elevado do que nos 5-15 cm ou 15-30, exceto no caso do teor de chumbo, que diminui com a profundidade.

Tabela 10.	**Influência do período de recuperação de resíduos de minas por árvores no cádmio (mg kg^{-1}) a diferentes profundidades.**				

Período de restauro	Profundidade da amostragem (cm)				Média
(Anos)	0-5	5-15	15-30	30-60	
0*	0.21	0.09	0.06	NA**	0.12
7	0.02	0.08	0.08	0.07	0.06
10	0.06	0.07	0.02	0.12	0.07

	0-5	5-15	15-30	30-60	Média
25	0.13	0.02	0.04	0.07	0.06
Média	0.10	0.06	0.05	0.08	0.07
Referência					
Solo cultivado	0.02	0.02	0.02	0.02	0.02
Floresta natural	0.03	0.00	0.00	0.00	0.01
Média	0.02	0.01	0.01	0.01	0.01

*Representa a lixeira com um ano de idade sem restauração com árvores

**NA=Não disponível porque a camada de descarga atinge a rocha

Fig. 10. Influência do período de recuperação de resíduos de minas por árvores no cádmio a diferentes profundidades.

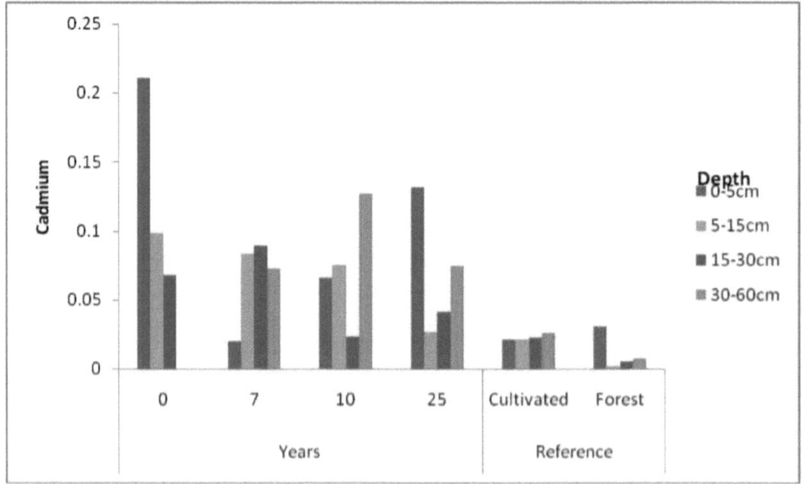

Tabela 11. Influência do período de restauração de resíduos de minas por árvores no níquel (mg kg⁻¹) a diferentes profundidades.

Período de restauro	Profundidade da amostragem				
(Anos)	(cm)				**Média**
	0-5	5-15	15-30	30-60	
0*	0.53	0.49	0.44	NA**	0.48
7	0.95	0.87	0.06	0.43	0.62
10	1.19	1.27	0.73	0.85	1.06
25	1.54	2.32	2.18	2.23	2.01
Média	1.05	1.23	0.85	1.17	1.05

Referência					
Solo cultivado	0.69	0.60	0.54	0.58	0.61
Floresta natural	0.51	0.50	0.51	0.56	0.51
Média	0.60	0.55	0.53	0.57	0.56

*Representa a lixeira com um ano de idade sem restauração com árvores
* *NA=Não disponível porque a camada de descarga atinge a rocha

Fig. 11. Influência do período de restauração de resíduos de minas por árvores no níquel a diferentes profundidades

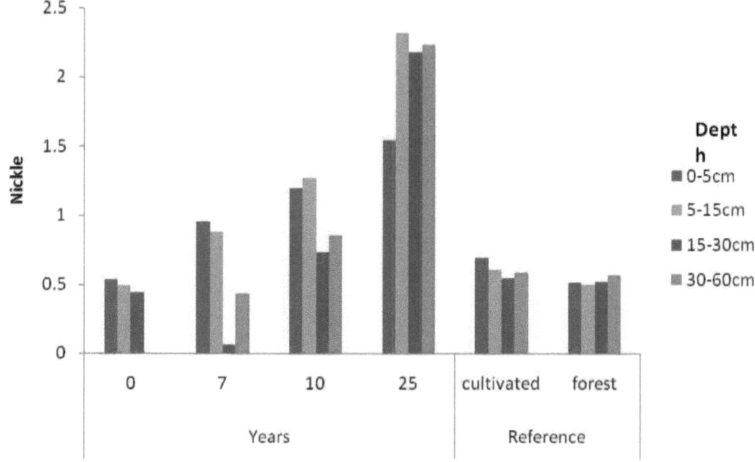

Tabela 12. Influência do período de recuperação de resíduos de minas por árvores no chumbo (mg kg^{-1}) a diferentes profundidades.

Período de restauro (Anos)	Profundidade da amostragem (cm)				Média
	0-5	5-15	15-30	30-60	
0*	0.18	0.12	0.05	NA**	0.11
7	2.46	2.88	1.41	0.84	1.90
10	1.34	1.08	0.78	0.52	0.93
25	2.79	2.41	2.21	2.48	2.47
Média	1.69	1.62	1.11	1.28	1.43
Referência					
Solo cultivado	1.60	2.33	1.43	1.49	1.71

| Floresta natural | 0.71 | 1.61 | 2.28 | 2.23 | 1.70 |
| **Média** | 1.15 | 1.97 | 1.86 | 1.86 | 1.70 |

*Representa a lixeira com um ano de idade sem restauração com árvores
* *NA=Não disponível porque a camada de descarga atinge a rocha

Fig. 12. Influência do período de restauração de resíduos de minas por árvores no chumbo a diferentes profundidades.

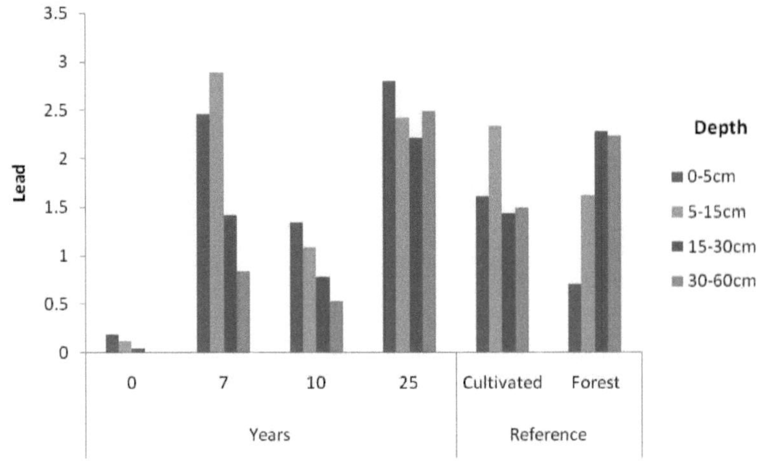

Capítulo 4

RESUMO E CONCLUSÃO

A Índia é uma das economias emergentes e, de entre todos os combustíveis fósseis, o carvão é o que mais alimenta a economia indiana. Mais de 70% da energia total produzida no país provém do carvão. A contribuição do carvão, enquanto combustível fóssil, para o crescimento do PIB é muito elevada. O objetivo da extração de carvão é obter carvão do solo. Existem dois processos de extração do carvão: a extração à superfície e a extração subterrânea. Na Índia, a quota-parte da produção a céu aberto é de cerca de 85%. Produz muita carga e influencia as zonas florestais e agrícolas. Grandes áreas de floresta e de terras cultivadas estão a ser utilizadas pela indústria mineira. A população da Índia está a crescer, mas a terra permanece constante e é necessário aumentar a produção alimentar. Por conseguinte, a agricultura tem de se deslocar para zonas não convencionais ou não tradicionais e as terras marginais têm de ser cultivadas. As zonas de minas de carvão recuperadas podem ser zonas não tradicionais que podem ser cultivadas. Há muitas formas de recuperação; entre elas, a utilização de espécies arbóreas para recuperar os despojos das minas de carvão é muito prometedora. Assim, o presente livro, intitulado "Changes in chemical properties of mine soils in a reclamation chronosequence under neem plantation", foi realizado para estudar a dinâmica da restauração ecológica numa das maiores minas de carvão a céu aberto da Ásia, a Gevra Opencast Coal Mine, Chhattisgarh, com o objetivo de estudar as propriedades químicas do solo que se alteram ao longo do tempo durante a restauração através do estabelecimento de plantações.

Para atingir este objetivo, foram recolhidas amostras de solo em profundidade de lixeiras que tinham sido plantadas com árvores de nim numa cronosequência. Foram recolhidas amostras de solo de referência em florestas e campos cultivados adjacentes. As propriedades químicas selecionadas foram analisadas e apresentadas na secção anterior e são aqui resumidas de forma breve.

A. Propriedades químicas

• O pH da lixeira recente era ácido e aumentou em direção à neutralidade ao longo do ano de restauração.

• A condutividade eléctrica das amostras mostrou uma tendência decrescente com o aumento do ano de restauração, que foi inferior à do campo cultivado mas superior à da floresta natural.

• O teor de carbono orgânico total das amostras apresentou uma melhoria ao longo do ano de restauração, exceto para o 7º ano de restauração, que apresentou um carbono orgânico total mais elevado do que o 10º ano de restauração. O carbono orgânico total da floresta cultivada e natural foi inferior ao da lixeira restaurada.

• O teor de fósforo disponível nas amostras mostrou uma tendência de aumento com os anos de restauração. O teor de fósforo da floresta cultivada e natural foi inferior ao da lixeira restaurada.

• O teor de potássio disponível das amostras mostrou uma melhoria ao longo do ano de restauração e o teor de potássio da floresta cultivada e natural foi muito mais elevado do que o da lixeira restaurada.

• O teor de micronutrientes das amostras de aterro mostrou uma melhoria com o aumento do tempo de restauração, exceto no caso do cobre.

• Verificou-se que a concentração de metais pesados em amostras de aterro de entulho era variável. Com o aumento do tempo de restauração, o teor médio de cádmio diminuiu, enquanto o de níquel e o de chumbo aumentaram e, no caso do chumbo, o seu teor foi mais baixo em 10 anos de restauração do que em 7 anos de restauração.

A partir do estudo acima, verificou-se que a maioria das propriedades químicas estudadas melhorou ao longo dos anos de restauração sob a plantação de neem. Por conseguinte, pode concluir-se que a plantação de árvores é uma excelente forma de recuperação de lixeiras de minas de carvão. Contudo, é um processo contínuo e leva muito tempo para atingir o equilíbrio com o ambiente circundante.

BIBLIOGRAFIA

Agrawal, M., Singh, J., Jha, A. K e Singh, J. S. (1993). Problemas ambientais derivados do carvão numa região tropical de baixa pluviosidade. 27-57. In: R.F. Keefer & K.S. Sajwan (eds.). Trace Elements in Coal Combustion Residues (Elementos vestigiais nos resíduos da combustão do carvão). Lewis Publishers, Boca Raton.

Akala, B. 1995 North Eastern coalfields - some highlights; *J. Mines, Metals and Fuels.* 43(9-10). 303-305.

Alloway, B.J. (1990). Heavy metals in soils. Wiley, Nova Iorque.

Bahrami, A., Emadodin, I., Atashi, M. R. e Bork, H. R. (2010). Land-use change and soil degradation: A case study, North of Iran, *Agriculture and biology J of N.America,* 605.

Banerjee, S. K., Mishra, T. K., Singh, A. K. e Jain, A. (2004). Impact of plantation on ecosystem development in disturbed coal mine overburden spoils. *Journal of Tropical Forestry Science.* **16(3)**: 294-307.

Banov, M., Hristov, B., Filcheva, E., Georgiev, B., (1995).Acumulação de húmus e sua composição qualitativa em terras recuperadas. In: Sofia: in: One Hundred and Twenty Five Years of the Bulgarian Academy of Sciences and 65 Years of the Forestry Institute, Scientific Papers from the Jubilee Symposium. Institut za Gorata, Bulgarska Acadamiiya na Naukite, Sofia, pp. 279-285.

Bernhard-Reversat, F. (1988). Mineralização do azoto do solo numa plantação de eucaliptos e numa floresta natural de acácias no Senegal. *Forest Ecology Management.* **23**: 233-244.

Bradshaw A.D.(2000). O uso de processos naturais em recuperação vantagens e dificuldades. *Paisagem e Planeamento Urbano;* **51**:89-10.

Bradshaw, A. D e Chadwick, M. J. (1980). The Restoration of Land: The ecology and reclamation of derelict and degraded land. University of California Press, Los Angelese, CA. p 317.

Brady, N.C. (2000). The nature and properties of soils, 10th edn. PHI, Nova Deli.

Burgharadt, W. (1993). Böden auf Altstandorten (Solos de terras contaminadas), 217229. Em Alfred-Wegener-Stiftung (ed.). Die benutzte Erde. Ernst, Berlim.

Chaoji, V. (2002). Environmental challenges and the future of Indian coal; J. Mines, *Metals and Fuels.* **11**:257-262.

Chaubey, O. P., Bohre, P. e Singhal, P.K. (2012). Impacto da bio-recuperação de resíduos de minas de carvão nas caraterísticas nutricionais e microbianas - um estudo de caso. *Revista Internacional de Bio-Ciência e Bio-Tecnologia.* **4(3)**: 69-79.

Chaudhuri, S. (2008). Aspectos ambientais e sociais da extração de carvão - uma visão geral. In: Chaudhuri S, Singh G (eds) EDP course on environmental management in coal mining areas. ISM, Dhanbad.

Cooke, J.A., Andrews, S.M., e Johnson, M.S. (1990). Chumbo, zinco, cádmio e fluoreto em pequenos mamíferos de pastagens contaminadas estabelecidas em rejeitos de espatoflúor. *Water Air Soil Pollution.* **51**: 43-54.

Coppin, N. J. e Bradshaw, A. D. (1982). Quarry reclamation. Mining Journal Books, Londres.

Das, M., e Maiti, S.K.(2005). Resíduos de minas de metal e fitorremediação. *Asian Journal of Water, Environment and Pollution.* **4(1)**: 169-176.

Das, S. K. e Chakrapani, J.G. (2011). Avaliação da toxicidade de metais vestigiais em solos da jazida de carvão de Raniganj, Índia. Avaliação da Monitorização Ambiental. **177**:63-71.

De, A. K., Sen, A. K., Karim, M. R., Irgollc, K. J., Chakraborty, D. e Stockton, R. A. (1985). Pollution profile of Damodar River sediment in Raniganj- Durgapur industrial belt, West *Bengal.India. Environment International.***11**: 453-458.

Dixon, J.B. (1989). Minerals in soil environments. (2nd Edn), Soil Science Society of America, EUA.

Donahue, R.L., Miller, R.W e Shickluna, J.C. (1990). Soils - an introduction to soils and plant growth, 5th edn. PHI, Nova Deli.

Down, C.G. (1974). A relação entre o tamanho das partículas de resíduos de minas de carvão e o crescimento das plantas. *Environ Conserv.* **1(4)** :281-284.

Dutta, R. K e Agrawal M. (2002). Efeito das plantações de árvores nas caraterísticas do solo e na atividade microbiana das terras devolutas das minas de carvão, *Tropical Ecology.***43(2)** :315-324.

Ekka, J. N. e Behera, N. (2011). Composição de espécies e diversidade da vegetação que se desenvolve numa série de idades de resíduos de minas de carvão num campo de carvão a céu aberto em Orissa, Índia. *Tropical Ecology.* **52(3)**: 337-343.

Gammel, R. P. (1990). Recuperação e plantação de resíduos industriais e urbanos. In: Clouston B, Newnes H (eds) Landscape design with plants. Londres, pp 142-157.

Garcia, C., Hernandez, T., Barahona, A. e Costa, F. (1996). Caraterísticas da matéria orgânica e teor de nutrientes em solos erodidos. *Environmental Managemant.* **20**: 133-141.

Ghose, M.K. (1989). Recuperação de terras e proteção do ambiente contra o efeito da exploração mineira de carvão. *Tecnologia mineira.* **10(5)**: 35-39.

Ghose, M.K. (2005). Soil conservation for rehabilitation and revegetation of mine- degraded land

(Conservação do solo para reabilitação e revegetação de terras degradadas por minas). TIDEE - TERI *Information Digest on Energy and Environment.* **4(2):** *137-150.*

Gowda, S.S., Reddy, M.R. e Govila, P.K. (2010). Assessment of heavy metal contamination in soils at Jajmau (Kanpur) and Unnao industrial areas of the Ganga Plain, Uttar Pradesh, India. *Journal of Hazardous Materials. 12:* 113121.

Gupta, V.V.S.R. e Germida, J.J. (1988). Distribuição da biomassa microbiana e da sua atividade em diferentes classes de tamanho de agregados do solo afectados pelo cultivo. *Soil Biology Biochemistry.* **20**: 777-786.

Haigh, M.J. (1993). Surface mining and the environment in Europe. *International Journal of Surface Mining Reclamation.* **7**: 91-104.

Hem, J.D. (1989). Estudo e interpretação das caraterísticas químicas da água natural: USGS Water-Supply Paper 2254, 264.

AIE (2009). Principais estatísticas energéticas da AIE de 2010 e Principais estatísticas energéticas da AIE de 2009, petróleo, página 11, gás, página 13, hulha (excluindo a lenhite), página 15 e eletricidade, página 27.

IEP (2006) Integrated energy policy, Comissão de Planeamento, Governo da Índia, agosto de 2006.

Jain, A., Bhowmik, A. K., Nath, V. e Banerjee, S. K. "Impact of plantation on ecosystem development in drastically disturbed coal mine overburden spoils", publicado no livro editado sobre Sustainable Rehabilitation of Degraded Ecosystems (eds. O. P. Chaubey, Vijay Bahadur e P. K. Shukla), Aavishkar publishers, distributors Jaipur, Raj. 302 003 Índia, **(2009)**, pp. 90-206.

Juwarkar, A. A. e Jambhulkar, P. H. "Reclamation of mine spoil dump using integrated biotechnological approcach at Sasti coal mine, Maharashtra", publicado no livro editado sobre Sustainable Rehabilitation of Degraded Ecosystems (eds. O. P. Chaubey, Vijay Bahadur e P. K. Shukla), Aavishkar publishers, distributors Jaipur, Raj. 302 003 Índia, **(2009)**, pp. 92-108.

Kavamura, V.N., e Esposito, E. (2010). Estratégias biotecnológicas aplicadas à descontaminação de solos poluídos com metais pesados. *Biotechnology Advances.* **28**: 61-69.

Krishnamurti, G.S.R., Huang, P.M. e Kozak,L.M.(1999). Cinética de sorção e dessorção de cádmio de solos: influência do fosfato. *Ciência do Solo.* **164**:888-898.

Lasat, M.M., Baker, A.J.M e Kochian, L.M. (1998). "Zn alterado, compartimentação no simplasma da raiz e absorção estimulada de Zn na folha como mecanismo envolvido na hiperacumulação de Zn em Thalspi caerulescens". *Plant physio.* **118**: 875-883.

Lindsay, W.L. e Norvell, W.A. (1978). Desenvolvimento do teste de solo DTPA para zinco, ferro, manganês e cobre. *Soil Science Society of American Journal.* **42**:421-448

Maharana, J.K., Patel, A.K. (2013). Caracterização físico-química e gênese do solo da mina na série etária de resíduos de minas de carvão em cronosequência em um ambiente tropical seco. *Phylogenetics & Evolutionary Biology.* **1(1)**:231-245.

Maiti, S. K. (2007). Bioreclamation of coalmine overburden dumps-with special empasis on micronutrients and heavy metals accumulation in tree species. *Environ. Monit Assess.* **125**: 111-122.

Maiti, S.K (1995). Alguns estudos experimentais sobre aspectos ecológicos da recuperação na jazida de carvão de Jharia. Dissertação de doutoramento, Indian School of Mines, Dhanbad.

Maiti, S.K e Ghose, M.K. (2005). Ecorestoration of acidic coalmine overburden dumps - an Indian case studies. *Land Contamination Reclamation.* **13(4)**:361- 369.

Maiti, S.K e Sinha, I. N. (2007). Why plants in overburden dumps with wither: A scientific inquest, National Seminar on Environment Issue and Waste management in Mining and allied industries, Dept of Mining Engg, REC, Rourkela, pp 23 24.

Maiti, S.K, Reddy, M.S. (2003). Acumulação de nutrientes em lixeiras recuperadas de Ramagundam OCP-1, SCCL, Índia. In: Srivastava BK (ed) Proceedings of "Environmental Management in Mines" (SEMMI 2003). Departamento de Engenharia de Minas, BHU, Varanasi, 17-18 de janeiro de 2003, pp 249256.

Maiti, S.K. (2003). Relatório do MoEF sobre "An assessment of overburden dump rehabilitation technologies adopted in CCL, NCL, MCL and SECL mines" (No. J-15012/38/98-IA II (M)). MOEF, Nova Deli.

Maiti, S.K. (2003). Relatório Moef, uma avaliação das tecnologias de reabilitação de escombreiras adoptadas nas minas CCL, NCL, MCL e SECL (Grant no. J-15012/38/98-IA IIM).

Maiti, S.K. (2006). Ecorestoration of coalmine OB dumps - with special emphasis on tree species and improvements of dump physico-chemical, nutritional and biological characteristics. MGMI Trans 102(1&2):21-36.

Marshman, N.A. e Marshall, K.C. (1981). Crescimento bacteriano em proteínas na presença de minerais de argila. *Soil Biology Biochemistry.* **13**: 127-134.

Miller, H.G. (1984). Dinâmica do ciclo de nutrientes em ecossistemas de plantações. In: Bowen, G.D., Nambiar, E.K.S. (Eds.), Nutrition of Plantation Forests, pp. 53 - 78.

Mukhopadhyay, S. e Maiti, S.K. (2011). Status of microbial biomass in reclaimed mine degraded land and nonmining areas: a review. *Indian Journal of Environmental Protection.* **31(8)**: 642-657.

Mummy, D., Stahl, P.D., Buyer, J.S. (2002). Soil microbiological and physicochemical properties 20 years after surface mine reclaimation: comparative spatial analysis of reclaimed and undisturbed ecosystems. *Soil BiolBiochem.* **34**:1717-1725.

Nath, A. (2004). Abordagem ecossistémica para a reabilitação de zonas de minas de carvão. Actas do Seminário Nacional sobre Engenharia Ambiental com especial ênfase no Ambiente Mineiro, NSEEME-2004, Índia.

Norland, M.R. (1993). Factores do solo que afectam a utilização de micorrizas na recuperação de minas de superfície. Departamento do Interior dos EUA, Gabinete de Minas, Circular de Informação/9345.p 21.

Parrotta, J.A., (1992). O papel das florestas plantadas na reabilitação de ecossistemas tropicais degradados. *Agriculture Ecosystem and Environment.* **41**:115-133.

Pederson, T. A, Rogowski, A.S e Pennock R. (1988). Caraterísticas físicas de algumas escórias de minas. *Soil Science Society of American Journal.* I.**44**: 131-140.

Prinsley, R.T. e Swift, M.J. (1987). Amelioration of soil by trees: a review of current concepts and practices. *Commonwealth Science Council,* Londres, Reino Unido.

Ramprasad, B. e Awasthi, B.K. (1992). Estado nutricional das lixeiras OB florestadas das Minas de Dhanpuri em MP. *J Trop For.* **8(2):** 116-118.

Rimmer, D.L. (1982). Condições físicas do solo numa pilha de resíduos de uma mina de carvão recuperada. *Soil Sci.33:567-579.*

Roberts, R.D., Marrs, R.H., Skeffington, R.A. e Bradshaw, A.D. (1981). Ecosystem development on naturally colonized china clay wastes: I. vegetation changes and overall accumulation of organic matter and nutrients. *Journal of Ecology.* **69**: 153-161.

Sadhu, K., Adhikari, K. e Gangopadhyay, A. (2012). Efeito dos resíduos de minas no solo nativo dos campos de carvão do Baixo Gondwana: Áreas das minas de carvão de Raniganj, Índia. *Revista Internacional de Ciências Ambientais.* **2(3)**:1675-1687.

Sanchez, P.A., Palm, C.A., Davey, C.B., Szott, L.T. e Russell, C.E. (1985). As culturas arbóreas como melhoradores do solo nos trópicos húmidos? In:Cannel, M.G.R., Jackson, J.E. (Eds.), Attributes of Trees as Crop Plants. Instituto de Ecologia Terrestre, Abbots Ripton, Huntingdon, pp. 327-350.

SER (2004). The SER international primer on ecological restoration. www.ser.org e Society for Ecological Restoration International, Tucson.

Sheoran, A.S., Sheoran, V., e Poonia, P. (2008). Reabilitação de terrenos degradados por minas com metalófitas. *Jornal dos Engenheiros de Minas.* **10 (3)**, 11-16.

Sheoran, A.S., Sheoran, V., e Poonia, P. (2010). Recuperação do solo de terras de minas abandonadas por revegetação: A Review. *International Journal of Soil, Sediment and Water.* **3(2)**:321-340.

Singh, A. N. e Singh, J. S. (2006). Experiências de restauração ecológica de resíduos de minas de carvão utilizando árvores nativas num ambiente tropical seco, Índia: uma síntese. *New Forest.* **31**: 25-39.

Singh, A.N., Raghubanshi, A.S., e Singh, J.S. (2002). Plantações como uma ferramenta para a restauração de resíduos de minas.*Current Science.* **82(12):** 1436-1441.

Smith, J.L. (1993). Ciclo do azoto através da atividade microbiana. In: Hatfield J (ed) Advances in Soil Science, 18. Springer, Nova Iorque, pp 91-120.

Srivastava, S.C., Jha, A.K. e Singh, J.S. (1989). Changes with time in soil biomass C, N and P of mine spoils in a dry tropical environment. *Canadian Journal of Soil Science.* **69**: 849-855.

Wali, M. K. (1987). A dinâmica da estrutura e a reabilitação de ecossistemas drasticamente perturbados. Em Perspectives in Environmental Management (ed. T.N. Khoshoo), 163-183. Oxford Publications, New Delhi.

Wong, M.H. (2003). Restauração ecológica de solos degradados por minas, com ênfase em solos contaminados por metais.*Chemosphere.* **50**: 775-780.

Yamamoto, T. (1975). Os resíduos de minas de carvão como meio de cultura: Mina AMAX Bellee AYR South, Gilleette, Wyoming. Third symposium on surface mining reclamation, vol 1, Kentucky, pp 49-61.

yes
I want morebooks!

Buy your books fast and straightforward online - at one of world's fastest growing online book stores! Environmentally sound due to Print-on-Demand technologies.

Buy your books online at
www.morebooks.shop

Compre os seus livros mais rápido e diretamente na internet, em uma das livrarias on-line com o maior crescimento no mundo! Produção que protege o meio ambiente através das tecnologias de impressão sob demanda.

Compre os seus livros on-line em
www.morebooks.shop

Printed by Books on Demand GmbH, Norderstedt / Germany